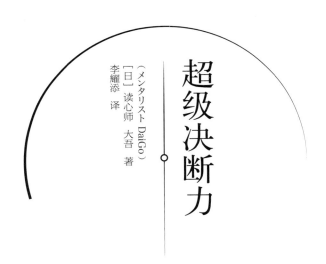

超级决断力

［日］读心师 大吾　著
（メンタリスト DaiGo）

李耀添　译

机械工业出版社
CHINA MACHINE PRESS

如何选择才能让你的人生幸福？答案就是做出"不会后悔的选择"。

本书立足于心理学、行为经济学研究和调查数据，对我们做出人生选择的方方面面进行了透彻的分析，提出了一套独特而又行之有效的决策方法。书中先破除了关于选择的错误常识，然后向读者介绍了因人而异的5种选择风格，以及更好地做出决定的6个准备、3个习惯和5个误区，最后提供了5种简单实用的决断力训练方法。通过采取这套决策方法，人人都能够做出"不会后悔的选择"，迎接无悔的人生。

Original Japanese title: KOUKAI SHINAI CHOU SENTAKU JUTSU
Copyright © 2018 Mentalist DaiGo
Original Japanese edition published by Seito-sha Co., Ltd.
Simplified Chinese translation rights arranged with Seito-sha Co., Ltd.
through The English Agency (Japan) Ltd. and Shanghai To-Asia Culture Co., Ltd.

原书工作人员
文字助理：佐口贤作
正文设计：森田千秋（G.B. Design House）
正文插图：Matsumura Akihiro
封面摄影：井上满嘉
造　型　师：松野宗和
发型化妆：永濑多壹（VANITES）
编辑助理：坂尾昌昭　小芝俊亮　细谷健次朗（株式会社 G.B.）

北京市版权局著作权合同登记　图字：01-2022-3123号。

图书在版编目（CIP）数据

超级决断力：不会做决定，你就一辈子被决定 /（日）读心师 大吾著；李耀添译. — 北京：机械工业出版社，2022.11（2025.5重印）
ISBN 978-7-111-71720-1

Ⅰ.①超⋯　Ⅱ.①读⋯ ②李⋯　Ⅲ.①成功心理—通俗读物
Ⅳ.①B848.4-49

中国版本图书馆CIP数据核字（2022）第205437号

机械工业出版社（北京市百万庄大街22号　邮政编码100037）
策划编辑：廖　岩　　　责任编辑：廖　岩
责任校对：韩佳欣　王　延　　责任印制：李　昂
北京联兴盛业印刷股份有限公司印刷
2025年5月第1版第3次印刷
145mm×210mm · 7.125印张 · 3插页 · 122千字
标准书号：ISBN 978-7-111-71720-1
定价：59.00元

电话服务　　　　　　　　　网络服务
客服电话：010-88361066　　机 工 官 网：www.cmpbook.com
　　　　　010-88379833　　机 工 官 博：weibo.com/cmp1952
　　　　　010-68326294　　金 书 网：www.golden-book.com
封底无防伪标均为盗版　　　机工教育服务网：www.cmpedu.com

序　言

人生要不断地
做选择

不去选择就不能付诸行动，不能付诸行动，则将一无所获。

据说，人一天会做出70次左右的人生选择。

午餐是吃肉呢？还是吃鱼呢？

是通过电话联系新客户呢？还是直接拜访客户呢？

面对心仪的异性时，是搭讪呢？还是不搭讪呢？

被委派工作时，是接受、拒绝呢？还是提出条件进行谈判呢？

同事邀请喝酒时，是接受呢？还是先行回家呢？

是辞职呢？再考虑一段时间呢？还是继续这样干下去呢？

是按照父母的期待行动呢？还是反抗呢？

是向交往对象求婚呢？还是不求婚呢？或者延期求婚呢？

选择分很多种，有微不足道的选择，也有会影响一生的重要抉择。

我们的人生总是免不了要从"A、B、C"中做出选择。

而且，所选的选项，也将对自己的未来产生深远的影响。

承受选择结果的人，并不是别人，而是我们自己。

序 言
人生要不断地做选择

因此，我们也许会想"我一定要做出正确的选择"！

但是，如果仔细观察古往今来的脑科学和心理学的研究与实验，我们就会发现，研究人员认为**并不存在适合所有人的'正确选择'**。

为什么呢？这是因为当我们在选择时，其实并不能得知未来将会发生何事。

那么，如何选择才能让你的人生走向幸福呢？

答案就是做出"不会后悔的选择"。

在澳大利亚长期从事晚期病患护理工作的护士布朗尼·韦尔女士曾提到，**自觉将要离世的患者，几乎全都留下了一些有关悔恨和反省的话语**。其在著作《临终前最后悔的五件事》中，汇总了下列五件事。

①遵从他人的期待生活；②过度工作；③未能表达真实感情；④不怎么和朋友联系；⑤当时要能让自己更幸福些就好了。

活在当下的你，是否也曾感受过这五种后悔呢？

但是，请大家思考一下，就算真的能做出"不遵从他人的期待，而是去做自己想做的事情""重视工作和生活的平衡"等选择，就不会后悔吗？

人是会后悔的生物。心中不时会涌现出"当时要是那样做就好了"的情绪。

即使当时选择了不同的选项，由于未能遵从他人的期待，或者由于重视自我，也很有可能会产生其他的后悔情绪。

既然不存在正确的选择，而且谁也不知道选择其他选项会怎样，那么我们的方法就只有一个。做出一个自己"不会后悔的选择"，即自己能认为"当时选择时，那是最佳选项，我不会后悔"。

"做想做的事自然很重要，但通过回应别人的期待而获取回报同样也很重要""虽然应该珍惜工作以外的时间，但为了得到必需的工资，这也是应该做的选择"等，**如果能依据情况做出冷静的判断，那么无论做出什么选择都不会后悔。**

反过来说，我们是否是因为下意识地觉得"当时未能做出好的判断"才会后悔呢？

听到这句话，也许有人会觉得"自己在做选择的时候，可是经过深思熟虑才做出了判断"。

但是，极少有人能够做出合理的"不会后悔的选择"。

因为很多人常被如下错误的常识所影响。

错误常识①"会有正确的选择"

错误常识②"现有成功都来源于自己过去的选择"

错误常识③"选项越多，可能性也就越多"

序 言
人生要不断地做选择

请反思一下，你是否也正受制于这三个"关于选择的错误常识"。

⚠ 抱有"会有正确的选择"的误解

你是否也认为会有正确的选择呢？

学校考试中出现的选择题一定会有正确答案。

如果选择哪个选项都不正确的话，考试就失去了意义，所以一定存在正确的选择。

但是，这种清楚明白的判断标准只适用于学生时代的考试。

日常生活和工作中的选项不计其数，而面临选择时，没人知道什么才是正确的选择。实际上，令人震惊的是，有关脑科学和心理学的研究已断定，当我们判断和选择时，并不存在正确的选择。

为什么说令人震惊呢？因为我们内心其实都希望能"做出正确的选择"。

我们笃定正确答案一定就藏在眼前的某个选项中，只要选择了该选项，人生就会变得更好。

但是，在经历了严苛的求职活动，且以应届毕业生身份进入公司的上班族中，有三成的人会在三年内离开公司。而

超级决断力
不会做决定,你就一辈子被决定

不存在正确的选择

笃信有正确的选择

自认为是正确的选择,自信满满地进行了选择

无法预测未来

目标是进行不会后悔的选择

先意识到不可能有绝对有利的选择,然后选择此刻最合理且不会后悔的选项。

序 言
人生要不断地做选择

在意气风发地提交了结婚申请书的情侣中，三对里就有一对走向离婚。像这样，**慎重的选择并不总能为我们带来幸福。**就像无法预测未来一样，我们也无法基于选择时的信息选出绝对有利的选项。

即便结果很好，那也只是运气好，并非做出了"正确的选择"。

脑科学和心理学的研究者们建议："如果想提高选择能力，就应该认识到其实并不存在正确的选择。"

之所以这么说，是因为如果囿于"应该有正确的选择"这一想法的话，反倒会妨碍我们付诸行动。

既然谁也不知道未来会发生什么，那么就不存在正确的选择。有的只是较好的选择。培养在所有的选择中识别较好选择的能力，就是本书所追求的"不会后悔的选择术"。

! 抱有"现有成功都来源于自己过去的选择"的误解

对于自己现在所处的环境，你是否认为这是由自己的意志选择并掌握的呢？

我们每个人都有一种叫作"自我服务偏见"的思维模式。在这种思维下，我们容易觉得"成功得益于自我力量，

超级决断力

不会做决定,你就一辈子被决定

现有成功不是自己过去选择的结果

在做选择时,人容易依据以往的经验。

但是,那种选择并不能称为合理选择。

不囿于过往,以合理选择为目标。

· 潮流正在消退

· 本月已做了充足的采购。

过去选择所带来的成功可能具有偶然性。
合理选择才是不会后悔的选择。

序　言
人生要不断地做选择

失败则是对方的责任"。这是一种防御本能，让我们不因失败而伤心。

当事情进展顺利时，我们就坚信"现有成功得益于自身努力和不断叠加的正确选择"，而当事情进展不顺利时，我们则将其归因于"大环境的问题"，回避导致失败的原因。

实际上，意外取得的好结果只是一种奖励，本人的选择和判断对其影响实则微乎其微。

"现有成功都来源于自己过去的选择"，这种心理会造成类似"上次就是这样做的，结果很顺利"的浅见。

做选择时，这种心理会蒙蔽我们的双眼和判断力，最终让我们做出后悔的选择。

⚠ 抱有"选项越多，可能性也就越多"的误解

你是否认为"选项越多，选择越自由，就越能选好"呢？

过去，人们认为"选项增加，甚至达到丰富多样的程度"人才会幸福。

但是，行为经济学的研究则揭示了一个道理——"选择悖论"，即选项过多反而会使人变得不幸。

首先，如果选项增加的话，那么犹豫和烦恼的时间就会

超级决断力
不会做决定，你就一辈子被决定

选项过多，人会不幸福

[什么是"选择悖论"？]

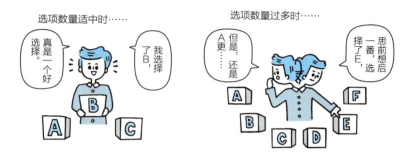

即便是思前想后才做的决定，还是会产生后悔的心理，觉得"是不是没选的那个选项会更好"。

[什么是"回避选择法则"？]

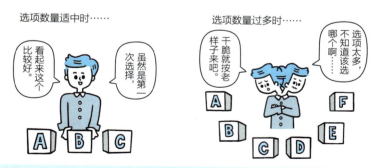

人有一种心理倾向，就是当选项过多时，会在新决定或行动上踟蹰不前，最终容易选择"维持现状"。

增加，最终"时间"这一资产就会流逝。

其次，不管增加多少选项，我们都会考虑"如果选择其他选项会怎样？"即选择其他选项时的可能性，进而促使后悔的事增多。

于是，"回避选择法则"就会发挥作用。

回避选择法则是指，人在因选项增加而迷茫时，容易按老样子进行选择。

在真正应该做出改变的时候，却忽略了本应选择的选项，选择了维持现状。

越是认为选择正确的时候，越要三思而后行

"关于选择的三个错误常识"和对策总结如下：

- ☑ **错误常识1** **"会有正确的选择"**
  对策：不以正确选择为目标，而是以不后悔为目标。

- ☑ **错误常识2** **现有成功都来源于自己过去的选择。**
  对策："好结果=好选择的结果"只不过是一种臆想。要经常重新审视过去的做法。

- ☑ **错误常识3** **选项越多，可能性也就越多。**
  对策：认识到选项过多反倒会钝化判断。

首先请将这三个对策放入我们的意识中。

我们的出发点是要质疑错误的常识。

当你觉得这是"正确的选择"时，不妨停下来试着深呼吸一下吧。

我们的大脑有时会做出连自己都无法想象的不合理选择。

正因如此，当你认为这是正确的选择时，三思而后行就尤为重要。

接下来，本书将按照以下步骤，培养你的"不会后悔的选择能力"。

第一章　选择方式蕴含风格
第二章　为做出"不会后悔的选择"做准备
第三章　养成不会后悔的习惯
第四章　削弱选择力的5个误区
第五章　关于"不会后悔的选择"的训练

想选的就是好的选择吗？是否只是权宜之计，自己一厢情愿呢？

为练就一双慧眼，首先要了解自己的决策风格（第一章），其次要了解为做"不会后悔的选择"需要做的准备（第二章）和养成的习惯（第三章），再次要知晓扰乱自己判断的误区藏在何处（第四章），最终要通过训练，磨炼自己的选择力（第五章）。

"Life is a series of choices."（人生就是一系列的选择）

——威廉·莎士比亚

阅读本书，并循序渐进地学习不会后悔的选择技巧，将切实锻造你的选择能力。

希望你也能拥有无悔的幸福人生。

读心师 大吾

Contents
目　录

序言　人生要不断地做选择

第一章　选择方式蕴含风格

导　言	左右选择方式的"决策风格"	/ 002
掌握风格①	决策风格分为 5 种	/ 005
掌握风格②	做出不会后悔选择的合理型风格	/ 011
掌握风格③	接近合理型风格的 5 个习惯	/ 016
掌握风格④	"完美主义者"和"知足主义者"	/ 023
掌握风格⑤	"完美主义者"分两种	/ 030
Let's try 试着做一下 01	为了做出合理决策的训练	/ 036

目 录

第二章 为做出"不会后悔的选择"做准备

导　言	那个选择，真的是自己考虑后决定的吗	/ 040
准备①	铭记人是无法抗拒冲动的生物	/ 044
准备②	比起知识或经验，要更重视调查问卷的分数	/ 048
准备③	不要过于相信自己的时间观念	/ 052
准备④	想想他人的目光	/ 056
准备⑤	试想未来的自己	/ 061
准备⑥	明确计划和成本	/ 066
Let's try 试着做一下 02	让我们练习一下客观地审视自己吧	/ 074

第三章 ⇨ 养成不会后悔的习惯

导 言	▶ 习惯是改变人生的原动力	/ 078
习惯①	▶ 准备多个样本	/ 082
习惯②	▶ 在上午做困难选择	/ 092
习惯③	▶ 为不安制定对策	/ 101

Let's try 试着做一下 03 养成灵活使用早晨黄金时间的习惯 / 112

第四章 ⇨ 削弱选择力的 5 个误区

导 言	▶ 削弱选择力的 5 种偏见	/ 116
误区①	▶ 情绪偏见	/ 120
误区②	▶ 投射偏见	/ 128
误区③	▶ 沉没成本偏见	/ 136
误区④	▶ 正常性偏见	/ 143
误区⑤	▶ 记忆偏见	/ 153

Let's try 试着做一下 04 规避偏见的训练 / 158

第五章 关于"不会后悔的选择"的训练

导　言 ▶	做出"不会后悔的选择"的 5 种训练	/ 162
训练① ▶	控制情绪	/ 165
训练② ▶	用"复盘 1 天法"来锁定让人幸福的选择	/ 172
训练③ ▶	用"淘汰制"减轻大脑负荷	/ 179
训练④ ▶	通过特意空腹,提升选择力	/ 186
训练⑤ ▶	通过将自己的核心价值观写在笔记本上,明确什么才是重要的事	/ 193
Let's try 试着做一下 05	用 10% 的规则改变自己	/ 200

尾声 未来就蕴藏在每天的无数选择之中　　　　/ 202

参考文献　　　　　　　　　　　　　　　　　　/ 205

你的选择并不来自你的思考。当被人这么说时，想必一定会有人大喊："那怎么可能！"

但是，事实上，你的选择正在被5种决策风格所支配。

第一章

选择方式蕴含风格

序章

左右选择方式的"决策风格"

也许很少有人会意识到自己总是在按照固定模式做选择。为了做出不会后悔的选择,首先要知道选择有什么风格。

第一章
选择方式蕴含风格

1. 不是追求最好的选择,而是追求不会后悔的选择。
2. "好结果=好选择的结果"只不过是一种臆想。要经常重新审视过去的做法。
3. 要知道选项过多反倒会钝化判断。

在"序言"中,我介绍了为了做出不后悔的选择,重要的是要有意识地采取这三种策略来应对错误常识,除此之外,还有一点需要大家记住。

那就是"决策风格",也就是你的选择风格。

在心理学的世界中,曾对选择进行过各种各样的研究,很多事实也都得到了证实。

其中,在如何做出不会后悔的选择方面,有项极其重要的研究,即关于选择风格的研究。

该研究认为我们在做选择时,每次都有着相同的倾向。

有优柔寡断的人。

有当机立断的人。

虽然这通常被认为只是单纯的性格问题，但其实每个人不同的决策风格也会施加强烈的影响。

而且，这些决策风格从我们懂事起就已确定，成年后也几乎不会改变。

也就是说，**迄今为止你所做的每一个选择，看起来都是深思熟虑的结果，但实际上，与其说这是你自己的想法，不如说决策风格对此施加了更大的影响。**

可以说，是选择风格造就了现在的你。

如果你事先知道自己的选择风格，人生也许就会有另一番景象。

有人能迅速从A、B、C中选定选项，也有人会一直举棋不定。**这种因人而异的选择风格，在心理学上被称为"决策风格"。**

我们在做决策时，会受到与生俱来的决策风格的影响。

今后，我们在训练选择能力时，有一点很重要，就是先要明白自己属于何种决策风格。

因为通过了解自己的决策风格，了解自己的选择倾向，就可以有效地提升选择能力。

决策风格分为5种。

让我们一同确认一下你的决策风格属于这5种之中的哪一种吧。

第一章
选择方式蕴含风格

掌握风格 ①

决策风格分为5种

为了做出"不会后悔的选择",重要的是掌握自己的决策风格。

这是因为我们的决策风格也许早就支配了我们迄今为止所做的选择。

2014年，美国博林格林州立大学的研究团队在总结了过去有关决策的论文和研究后，提出"决策风格分为以下5种"。

1 合理型风格

这是一种对选项进行逻辑分析、比较，并做出合理选择的类型。

虽然需要花点时间才能决策，但只要万事俱备，就可以意志坚定地做出选择。

2 直觉型风格

这是一种比起数字和数据，更重视自我感觉的类型。

遇到"灵光一闪!"等大幅情绪波动的时候，会迅速做决定，但反过来，遇到麻烦事时，就会花很多时间。

3 依赖型风格

这是一种会通过倾听他人的建议，做出决定的类型。

重视成功者和有经验者的意见,越是困难的选择,越会把决策权交给别人。

4 回避型风格

这是一种希望拖延最终决定的类型。由于就算有充分的数据,也想逃避选择,因此其决策会花时间,容易优柔寡断。

5 自发型风格

这是一种决策迅速、有决断能力的类型。但是,与会比较数据等的合理型风格相比,此类型更注重下决定本身,所以有时会出现选后后悔的情况。

你更接近哪种类型呢?大部分人的决策风格应该属于这5种中的一种。

5 种决策风格

合理型风格	直觉型风格	依赖型风格	回避型风格	自发型风格
富有逻辑地思考后选择	比起数据更重视感觉	重视他人的意见	拖延最终决定	结论为先,而非思考为先

5种决策风格甚至会表现在午餐的选择上

比如,试着想象一下如下场景。午餐时间,单位同事一起走上街开始商量"午餐吃什么""从众多饭店里挑一家吧"。

当拥有不同决策风格的5个人聚在一起时,应该是这样商量的。

合理型风格的人说:"下午一上班就要开会,所以想随便吃点荞麦面。"

直觉型风格的人说:"今天一大早就想吃咖喱,吃咖喱吧。"

依赖型风格的人说:"大家定就行。"

回避型风格的人说:"荞麦面是挺好,可咖喱也不错。"

自发型风格的人说:"看来是定不下来了,去常去的快餐店不好吗?"

最终,是选择"随便吃点荞麦面",还是"因离得近,去快餐店"?

最终选择会随着团队人际关系和现场情况的不同而发生变化。但是,每个人的发言其实都受到了决策风格的影响。

当然,有时回避型风格的人掌握决定权后,也会表现出合理的一面，而有时依赖型风格的人，也会在兴趣爱好方面表现出直觉型风格的一面，展现出综合型决策。

即便如此，各自作为根基的决策风格不会产生变化。

顺便提一句，博林格林州立大学的研究团队还指出："我们看似在追求正确答案，实则倾向于选择满足自己决策风格的选项。"

也就是说，即便我们自认为是"经过慎重思考才做出的决定"，实际上只不过是遵从了自己的决策风格。

⚠ 重要的是，要知道作为自己根基的决策风格是什么。

为了做出不会后悔的选择，我们要先弄清关于决策风格的两个要点。

- ☑ 了解自己的决策风格对应5种风格中的哪一种。
- ☑ 了解"人在做选择时，倾向于选择符合决策风格的选项"。

首先，对照5种决策风格，核查一直以来自己做的理所当然的选择。

是"过于受他人意见的影响"还是"容易拖延决策"

超级决断力
不会做决定,你就一辈子被决定

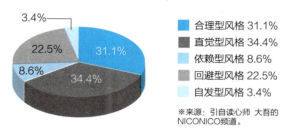

有关决策风格的调查问卷结果

- 合理型风格 31.1%
- 直觉型风格 34.4%
- 依赖型风格 8.6%
- 回避型风格 22.5%
- 自发型风格 3.4%

※来源:引自读心师 大吾的 NICONICO频道。

当在我的NICONICO频道中提问"你觉得自己的决策风格是哪个?"时,观众的答案如图分布。貌似最多的是直觉型。

等,从中应该能看出是哪种特定倾向。

如果能知道自己的决策风格的话,就能把主动权掌握在自己手中。

请参考后面的章节,不断修正可能会让自己后悔的决定吧。

第一章
选择方式蕴含风格

掌握风格②

做出不会后悔选择的合理型风格

5种决策风格会影响"不会后悔的选择"。

为了做出不会后悔的选择,我们必须了解自己决策风格的缺点,并加以改善。

美国博林格林州立大学的研究结果表明，**对自己做出的选择和其结果不后悔的概率最高的是"合理型风格"的人。**

因为他们是在认真分析判断依据的基础上才做出的选择，所以更易于接受"当时这个选择是最好的"这种想法。

合理型风格的人做出的选择，也会被周围的人评价为合理、有逻辑、能够接受的选择。 实际上，他们也被认为很擅长做出不会后悔的选择。

而周围人评价最低的是"直觉型风格"的人。

因为对于凭直觉做出的选择，周围人就会问一句："为什么？"顺便说一下，这种类型的人还有一个特征，就是在选择的时候，与周围的评价相比，其自我评价反倒较高。

这是因为直觉型风格的人倾向于肯定自己认为"正确"的信息，而回避或忽视否定的信息。

心理学称之为"确认偏见"。

也就是说，直觉型风格的人会根据瞬间得到的成见缩小选择范围，最终做出旁人无法理解的选择。

例如,在电影、电视剧、小说中,经常会出现凭借"刑警的直觉"识破犯罪嫌疑人的谎言,从而破案的场景。

有一项心理学研究调查了刑警的这种想法是否真的正确。

根据那个实验,刑警能看穿别人谎言的概率是54%。

这个数字是否属于高概率呢?通过对比普通人在同样的实验中看穿他人谎言的概率就可以很清楚了。事实上,普通人的数字也是54%。

而如果是系统地学习了表情分析,并经过训练,能够从表情和身体语言中看出说谎信号的人,这个数字接近90%。

但是,如果未曾系统学习的话,**职业刑警和普通人的观察能力是没有差别的。**

这样一来,最麻烦的就是自认为"自己是一名经验丰富的刑警",但其却是凭借直觉来做决定的。

虽然他们确信"根据经验,自己的选择是正确的",但实际上却和普通人一样做出了五五开的选择。

也就是说,在刑警的直觉这种毫无根据的确信和压倒性的权力下,无论对刑警本人还是对犯罪嫌疑人来说,都有很大可能会反复做出制造冤情的只能后悔的选择。

像这样,虽然直觉型风格的人尤其容易受到确认偏见的影响,但无论哪种决策风格,都会或多或少受到确认偏见的影响。

因此重要的是，要意识到自己是否属于容易受确认偏见控制的人。

如果是容易受其影响的类型，觉得"我就是这种类型"的话，就去有意地探寻完全相反的另一种状态吧。

如此，我们就会意识到存在于自己内心的确认偏见，从而对直觉产生怀疑，进而为下一步的慎重探讨罗列判断依据。

哪些人的决策风格不是合理型风格？

当听到只有合理型风格的人才能不会后悔地选择时，有人肯定会产生疑问："如果自己的决策风格不是合理型风格的话，该怎么办呢？"

请不要放弃。

重要的是，要意识到"自己不擅长做出合理的判断"，并加以注意。

这不仅限于确认偏见。**合理型风格之外的人在选择事物时，会比合理型风格的人更容易受到感情的影响。**

从下面的例子中，我们应该能学到如何才能不受感情束缚，合理地做出判断。

2001年，在"9·11"恐怖袭击中，客机撞进了纽约世贸中心大楼，在这次悲惨事件发生后，全世界的人都开始努力避免使用飞机。

因为担心遭遇恐怖袭击，所以选择不坐飞机。但是，如果我们合理地考虑一下坐飞机遭遇恐怖袭击的概率和在地面上发生交通事故的概率哪个更高的话，就会发现绝对是后者更高。

假设恐怖分子一年会劫机50架，但只要他们不杀掉所有乘客，其造成的死亡风险并不会等同于发生在人行横道上的交通事故的死亡风险。

话说回来，要是这么高频地发生恐怖事件的话，不坐飞机倒也是个合理的选择。

但是，现实并非如此。

尽管交通事故的数量占了绝大多数，但人们还是非常害怕恐怖袭击。

这是因为，植根于心底的恐惧会对决策产生强烈的影响。

由此，人才做出了不合理的判断。

虽说做出情绪化的判断是人之常情，但在做重要决定时，它也会妨碍判断。

因此，容易受情绪影响的人，就需要在平时反思一下自己是否会变得情绪化。

掌握风格 ③

接近合理型风格的 5个习惯

决策风格不属于合理型风格的人，容易感情用事，做出不合理的选择。

能领悟到这一点，选择时的思考方式就会更加接近合理型风格。

第一章
选择方式蕴含风格

接近合理型风格的习惯①

"回顾并评价自己的选择。"

即使是再小的选择,也要回过头来重新回顾一下自己的决定,评价一下"还有其他选项吗"。"对选择的结果是满意?还是后悔?"

可以将这些项目列个清单,也可以通过打分或以○×△等符号来评价。

特别是那些决策风格为直觉型和自发型的人,因为他们在做选择时,往往不会对其他选项进行讨论和比较,所以,引入这种"回顾"的习惯的话,将会产生很好的效果。

接近合理型风格的习惯②

"不走捷径。"

这里所说的"捷径",是指"某某人说很好""电视上评价很好"等他人的意见,或者是"按常识应该是这个吧""我也不太懂，感觉这边会好一点"等，基于无凭无据的感觉而做出的选择。

在做选择的时候，请养成问自己"现在是不是在走捷径"的习惯。

特别是那些决策风格为依赖型、回避型的人，他们比其他类型的人更容易走捷径，所以要注意。

接近合理型风格的习惯③

"试着从长远考虑。"

假设有一位商务人士，在拥挤的地铁里焦躁不安，因为"被挤了""没挤"而与他人发生争执，继而发生争吵，现在正打算动手打对方。

此时，如果能问一下这位商务人士："你觉得现在殴打眼前的人会让五年后的你幸福吗？"想必他肯定会放下举起的拳头。

但是，如果一直让冲动情绪占上风的话，人们就会做出"因为生气，所以要揍"这样让人后悔的选择。

这样的例子虽然有些极端，**但在做决定之前，不妨先想象一下一年后、十年后的结果等，养成一个从平时就用长远眼光来思考自己和自己周围状况的习惯。**

这将培养我们做出合理选择的能力。

第一章
选择方式蕴含风格

接近合理型风格的习惯④

"意识到自己在选择时可能会过于自信和有乐观倾向时,进行小测试。"

当人们觉得事情顺风顺水,或者觉得保持此刻状态即可时,就会陷入过度自信和乐观倾向,容易认为"自己能做出正确的选择"。

但是,对于做重要决定的人来说,如果无法摆脱这种想法的话,就只能做出后悔的选择了。

例如,以"吉他歌曲不会流行"为由拒绝了披头士的唱片公司。

拒绝作者自己拿来的《哈利·波特》原稿的出版社。

因认为"不会有人使用个人电脑"而不愿向苹果和微软投资的企业和投资者们。

过度自信和乐观倾向会影响决策,导致严重失误。

为了防止出现这种情况,最好先做个小测试。

我在决定要出版书籍的书名时,会在Twitter和NICONICO网站上让关注者和观众参考一下书名,并进行问卷调查。

即使根据自己的直觉和出版社的经验,认为"这个书名应该会卖得很好",但如果不同于问卷调查的结果的话,我还是会优先考虑问卷调查的结果。

因为过度自信和乐观倾向会影响选择,随之而来的风险很可怕。

做选择的时候，建议你也试着做个测试，听听周围的声音吧。

即使是用一些经典方法，例如向年龄和立场不同的熟人询问如何看待自己的选择，或者请周围人投票等，只要达到一定数量，应该就能得到足够的效果。

现今也可以通过Twitter、Facebook、LINE等社交网络轻松地征求意见，即使不是当面提出建议，也能通过这些方法获得充分有效的意见和数据。

另外，你也可以在谷歌等网站上搜索你的选项。

查找与纠结选项相似的过去事例，并从选后发生的事中学习，就能按图索骥般地做出不会后悔的选择。

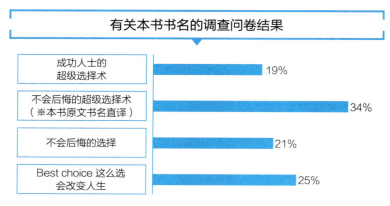

听取周围人的意见后，本书书名才得以确定。最终选择了大吾和出版社预料之外的书名。

※来源：引自读心师 大吾的Twitter。

同时，调查分析后的内容，也可以作为自己的数据库来使用。

接近合理型风格的习惯⑤
"从过去的经验、失败中学习。"

美国传奇投资家沃伦·巴菲特一直在投资界做着最不后悔的选择。查理·芒格则是巴菲特的左膀右臂。

芒格本人作为投资家积累了巨大的财富，而他有一个一直坚持的习惯。

那就是制作"查理·芒格的失败笔记"。

笔记本上记录的是芒格先生或亲见或听闻的无数失败案例。其中有投资家、政治家、企业家、运动员、历史人物或是新闻报道中的普通人。芒格先生会把自己在意的失败案例记在笔记本上，在进行新的投资时一定会反复查看。然后，在自己要做选择时，检查有无会导致失败的点。

究其原因，芒格曾解释说："成功的因素有很多，而且很复杂，我们不知道是什么促成了成功。但失败的原因却是显而易见的。"

芒格先生通过翻看失败笔记，从他人的失败中吸取教训，进而防患于未然，避免自己可能会犯的选择错误。

我也学习了芒格先生的做法，养成了记"失败笔记"的习惯,并在开始新行动时重复翻阅。

例如,因公司内部保守势力的反对而无法生产智能手机的索尼,因放弃进入数码相机市场而导致业绩迅速下滑的宝丽来公司,都是失败的例子。

当我想转入守势时,我会问自己:"这种自保有意义吗?"

而且,通过回顾这些案例,我就能发现"现状和失败笔记上写的情况很相似",并更有机会意识到自己正在做失败的选择。如果能注意到的话,自然就可以调整方向。如此反复,就是对接近合理型风格的训练,进而远离会后悔的选择。

顺便说一下,我是将感兴趣的失败案例保存在了笔记应用程序印象笔记(Evernote)中。

想要确认什么的时候可以在该应用程序中搜索关键字,很容易看到整体脉络,所以推荐大家使用。

掌握风格 ④

"完美主义者"和 "知足主义者"

决策风格有5种，根据如何接受选择后得出的结果，大致可以分为两组。

即"完美主义者"（Maximizer）和"知足主义者"（Satisficer）。

完美主义者

这是一种追求最好结果的类型。

知足主义者

这是一种即使不是最好的结果,但也能在某种程度上接受的类型。

根据心理学家巴里·施瓦茨博士的研究,完美主义者很少满足于选择的结果,常常伴随着压力。

此外,知足主义者则是一种"知道满足"的状态,所以其人生满意度较高。

无论你的决策风格属于5种中的哪一种,在结果上都将倾向于"完美主义者"(Maximizer)或"知足主义者"(Satisficer)。而且,对结果不同的接受方式,也将在很大程度上影响决策"会后悔还是不会后悔"。

重要的是,自己要对"因为自己是××风格,而且是完

第一章
选择方式蕴含风格

美主义者，所以倾向于做出这样的选择，以这种方式接受结果""因为自己是××风格，而且是知足主义者，所以倾向于做出这样的选择，以这种方式接受结果"做到心中有数。

要想做出不会后悔的选择，先要掌握自己的思考模式和对结果的接受方式。这里一共总结了10种模型，让我们来看看吧（见下页图）。

将5种决策风格和2种对结果的接受方式组合，即可分出各种类型。

无论是哪种决策方式，知足主义者更容易对结果满意。

而完美主义者则常说"早知道就选那个了！"，显露出后悔倾向。你属于哪种类型呢？

❗ 试着诊断一下自己属于什么类型吧。

你认为自己是完美主义者还是知足主义者呢？

让我们用心理学家巴里·施瓦茨制作的"完美主义量表"，来测试一下你的完美主义度吧。

这里提出6个问题，请按照以下标准进行评分。

问题1　看网络视频的时候，虽然觉得看到的内容还算有趣，但还是会搜索看看有没有更有趣的视频。

超级决断力

不会做决定,你就一辈子被决定

	知足主义者	完美主义者	
	对于结果做出积极评价"这是充分分析后得到的结果,这样就可以了"。	对于自己的选择不断反思,"合理地思考一下的话,难道没有更好的选项了吗",会进一步充分思考。	合理型风格
	对于结果有很高的满意度,进一步提升了自信。周围人完全不知道他的自信从何而来。	会凭借感觉选择,但就是不满足于该结果,并在脑海中不断重复这一想法。	直觉型风格
	如果感觉某个特定的人做了一个好决定,就会更加重视那个人的意见。	对自己的选择没有自信,追求更好的结果,希望进一步听取他人的意见。	依赖型风格
	由于将慎重选择解释为会带来良好的结果,所以会在决策上花更多的时间。	 在选择时,不仅会花时间,而且不能满足于结果。是极其优柔寡断的人。	回避型风格
	速断速决,也容易满足于结果。但真到选择时也会呈现好坏都交给运气的倾向。	如果对结果不满意,就会立刻转向下一个。某种程度上可以说是擅长选择,但也常造成失败。	自发型风格

> 问题2 不管对现在的工作满不满意，总是理所当然地想找到更好的工作。
>
> 问题3 经常为要送什么礼物给朋友或恋人而烦恼。
>
> 问题4 选要看的电影时，总想选对自己来说最好的一部，而在选择上陷入苦恼。
>
> 问题5 总是用最高标准要求自己。
>
> 问题6 在购物、点菜、恋人选择、工作等方面，从未屈就于第二好的东西。

回答以上6个问题，然后进行评分，把所有分数都加起来，然后除以6，取平均分。

请算到小数点后两位。

你得了多少分？根据分数，可以分为以下几类。

> <评分标准>
> [完全不符合]……………………1分
> [不符合]……………………………2分
> [不太符合]…………………………3分
> [不确定]……………………………4分
> [有点符合]…………………………5分
> [符合]………………………………6分
> [完全符合]…………………………7分

5.5分以上

这是只有大约10%的高级别完美主义者。

他们在物质丰富和信息繁多、选项众多的现代，持续承受着巨大的压力。

如果不学会宽容自己选择的结果，将会一直痛苦下去。

4.75~5.4 分

这是典型的完美主义者。

他们过于追求更好的选择,所以容易感受到压力。

常念知足主义,知道适可而止,就会活得更轻松。

3.25~4.74 分

这是具有完美主义倾向的知足主义者。

他们的感情会因选择种类和结果的不同发生变化,而满足度也会随之发生变化。

这是最常见的类型,要觉察到存在于自己内心的完美主义,尽可能做到点到为止。

完美主义等级的调查结果

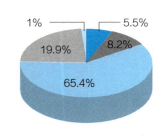

5.5分以上	5.5%
4.75~5.4分	8.2%
3.25~4.74分	65.4%
2.6~3.24分	19.9%
2.5分以下	1%

这是请NICONICO观众参与的"完美主义量表"结果。结果大多数人是3.25~4.74分的这种具有完美主义倾向的知足主义者。

※来源:引自读心师 大吾的NICONICO频道。

2.6~3.24 分

这是典型的知足主义者。

很少纠结于选择的结果。

在对结果的接受方式上,如果在保持现有状态的同时,还可以提高选择合理性的话,就能更容易地做出不会后悔的选择。

2.5 分以下

这是高度知足主义者。

因为能满足于自己的选择,所以会拥有一个没有压力的人生。

虽说如此,但据说总分在2.5分以下的人只占总人口的1%左右。

这只是一个指标,无论你是完美主义者还是知足主义者,都不能决定你是否能做出不会后悔的选择。但是,知足主义者的确更可能不后悔。即使测试结果显示你是完美主义者,也不要放弃。

只要接受本书接下来所介绍的训练,就能慢慢地控制压力。

另外,完美主义者也分为"好的完美主义者"和"坏的完美主义者"两种类型。

掌握风格 ⑤

"完美主义者"分两种

完美主义者容易积攒压力。

加拿大滑铁卢大学进行的一项研究表明,完美主义者可以分为两种,并且其人生的幸福指数也有很大的不同。

促进系完美主义者

这类人会彻底调查多个选项,比较选项的优缺点,倾向于找出积极的方面。

评价系完美主义者

这类人会被"从客观上看,应该有最好的选择!"这一前提所束缚,强烈希望探讨所有可能性。

比如,如果是知足主义者的话,当其想网购一款单反相机时,会大致浏览一下推荐或好评较多机型的前几名,想着"这个应该就行吧?",然后定下来。最后,如果相机能达到自己所要求的水准,就会很满足。

而如果是促进系完美主义者,他们不仅会浏览推荐与好评列表,还会按照自己的标准对比多款机型的数据,在比较产品的优缺点后才会购买。他们会一边心想"其实还是其他机型更好",一边又会接受"不,这个机型有这种功能,很方便"。

但是,评价系完美主义者会认为:"一定会有最棒的相机!"于是,他们会逐一确认购物网站上的所有数码单反相机,在决定购买前,不仅会花费大量时间,而且一旦听到有新机型出现时,就会发出"哎呀,当时要能等一下再买就好了""肯定是那个机型好"的感叹,不能满足于自己选择的结果。

彻底调查所有选项并非坏事。

但是,评价系完美主义者就连"一定在某个地方有最佳选项,最优结果"这样并不存在的选项都想调查,并且在重复调查列出的选项时,抓着所有信息不放手。

于是,这类人会因不停思考本应放弃的选项,而导致决断迟缓,最终做出的选择也是不尽如人意。

如此,**评价系完美主义者在心烦意乱中,会陷入"也许那个更好吧""也许这个更好吧"的反刍思考中,压力越来越大**。顺便说一下,反复思考同一件事的这种反刍思考,会提高患抑郁症的风险。

**虽然都是完美主义者,促进系完美主义者同样会彻底比较

第一章　选择方式蕴含风格

即便同是完美主义者，两者的选择满足度也不同

[完美主义者共通的思考]

坏处
箱根
山路让人疲惫
伊豆
没有车不方便

（是去箱根呢？还是去伊豆呢？）
（周末去旅行吧。）

好处
箱根
红叶很美
伊豆
海鲜好吃

对于两种完美主义者来说，会比较探讨选项并彻底调查这一点是相同的。

满足度 大
促进系完美主义者

满足度 小
评价系完美主义者

（还好选了箱根啊！）

（这里的酒店真漂亮啊！）
（原来还有更便宜的套餐。）

虽然也会比较探讨，但最终还是会满足于选项，呈现积极的倾向。

心想"一定会有最佳选项"才彻底调查了一番，但最终却无法感到满足。

信息，但其更会取舍。另外，因为倾向于满足结果，所以他们积攒压力的概率也会降低。

如果你是完美主义者，而且觉得自己更接近评价系完美主义者的话，那就学习一下知足主义者或促进系完美主义者的做法吧。

"因为自己是完美主义者，所以没办法只得事无巨细地检查选项。但取而代之的是，无论决定后的结果如何，都要从中找出'积极要素'。"通过时刻注意这一点，就能减少悔不当初的情况，为下次做出更好的选择奠定基础。

做出合理的选择，并对结果感到满意

本章主要介绍了两种与选择相关的知识。关于"选择的类型"和"选择的接受方式"。

为了做出不会后悔的选择，在选择类型上，合理型风格的人占据优势。这是因为他们很少感情用事，在经过分析和反证等必要过程后，就能做出选择。

另外，从选择的接受方式上看，知足主义者适合做出不会后悔的选择。这是由于知足主义者非常满意自己的选择，自然压力也小，对结果也能积极接受。

也就是说,"合理地选择,并对结果感到满意"是做出不会后悔的选择的根本。

基于以上内容,从下一章开始,我将介绍提高"选择能力"的技巧和训练等实践方法。

Let's try 试着做一下 01 为了做出合理决策的训练

效果
提升持续力
★★★★
提升客观力
★★★★

STEP 1 准备好笔和笔记本，回顾你今天所做的选择

你可能会想起来好几个选择。

从中选出印象最深刻的选择，并写下来吧。

例 上周决定了"每天早上为了保持健康步行一站路"，今天实践了这一选择。

STEP 2 对自己的选择满意度进行满分为10分的评价

通过评价满意度，来回顾自己的选项，看是否应该继续。

例 每天早上都做到了为了保持健康步行一站路，满意度为8分。

STEP 3 写下打这个分数的理由

写下打分理由的同时，也能知道自己需要反思的点。

例 因为走路慢悠悠，结果到公司都快要迟到了，所以要扣减2分。明天稍微早点出门。

第一章
选择方式蕴含风格

STEP 4 改变视角,站在长远角度,评价一下你所做选择的好处

通过从长远角度思考,就会明确如何才能走向目标。

例 如果养成步行一站路的习惯,每天的步数就会增加,健康状态也将得到改善。这样做不仅能维持健康,还能增强体力,因此好处多多。

总结 像这样通过改变视角,逐一评价当天的选择,既能使决策风格接近合理型风格,又能起到训练自己客观看待决策与行为的作用。

本章的关键词是"客观性"。

你是否认为自己总是能够冷静地判断事物呢?

那么首先,质疑上述想法,就是在为做出"不会后悔的选择"做准备。

第二章

为做出"不会后悔的选择"做准备

那个选择，真的是自己考虑后决定的吗

我们每天所做的选择，真的是"自己决定"的吗？

很多人之所以会做出"后悔的选择"，其实是因为多数时候并不是自己在做决定。

"明明应该自己定,自己却没定。"

这种说法有点意思。实际上,**大部分我们自认为是自己做出的选择,不过是情急之下做出的选择。**

例如,假设你有一位正在为是否选择跳槽而烦恼的朋友。客观地看,在朋友面前一般会有以下几种选择。

1. 在现在的公司观望
2. 跳槽到同行业的公司
3. 挑战不同行业的公司
4. 成为自由职业者
5. 独立创业
6. 在海外挑战打工度假(working holiday)
7. 先辞职再说

但是,其本人会在调查"和上司关系不好""被同行的其他公司猎头"等选项前,先在"要辞职/不要辞职"这两个选项上烦恼。

像"因为和上司吵架了,所以递交了辞呈""因为上司好像要调动了,所以决定先观望一下""因为被猎头说需在某月前定下,所以才定了下来"这样,是在外在因素影响下,在"要辞职/不要辞职"中做出了选择。

当然,将专业性作为武器成为自由职业者,通过积攒资金而成为独立创业者,出国的人,在辞职和留在公司中权衡好处和坏处后选择在公司工作的人等,像这类认真地按顺序选择的也大有人在。

尽管如此,大多数人还是倾向于在没有仔细考虑可能性的情况下就罗列选项,并在外在因素的影响下,着急地做出决定。

这不仅存在于跳槽上,所有的选择都是如此。

在做选择时,之所以会产生"会不会后悔"这样莫名的不安,就是因为很多人的决策已在无意识中受到了焦虑和冲动的影响。

反过来说,如果能认为"我经过深思熟虑才下了决定!"的话,后悔次数就会骤减。

在第二章中,我们将介绍六个准备,让你能够在不被焦虑和冲动影响的情况下,做出"不会后悔的选择"。

这6个准备的共同点是,客观地看待你想要做出的选择。

你是否有被一时的感情冲昏头脑？类似"就是这个!"的选择，是否是一种臆想呢？从时间和金钱成本来看，你是否是做了没用的选择呢？这个选择真的对未来的自己有用吗？

在思考过程中，停下来提出疑问，重新审视选项，是迈向做出"不会后悔的选择"的阶梯。

准备 ①

铭记人是无法抗拒冲动的生物

即使是擅长揣摩人心的读心师,也有无法冷静判断的时候,即面对冲动和诱惑的时候。

为了做出"不会后悔的选择",要事先了解"大脑的弱点",这一点很重要。

第一个准备是铭记人类是无法抵抗冲动的脆弱生物。

我作为读心师会参加电视节目,在我积极表演的过程中,有时会被问道"既然能读懂人的心,那么谈恋爱应该也很简单吧?"

还有,当我过去问曾交往过的女生"生日想要什么?"的时候,对方会微微一笑,对我回答说"你明明知道"。

从结论来说,**无论多么优秀的读心师或读懂无数论文的心理学家,都不可能成为恋爱达人。**

因为关于恋爱,人不可能做出科学正确的选择。

当喜欢的人出现在眼前时,人的大脑会陷入恐慌状态。同时有20多个部位会被随机激活,这同摄入了可卡因或海洛因等毒品时的反应一致。

这种时候,人的决策力和判断能力就会显著下降。

也就是说,在喜欢的人面前无法做出合理的选择,是被科学推导出来的结论。

已婚人士或花花公子之所以会受人欢迎，是因为他们能在异性面前表现得很酷。由于能够保持判断能力，所以可以选择受大家欢迎的选项。我之所以举恋爱的例子，就是想告诉大家，我们的"大脑是多么脆弱"。不论平时人的想法多么合理，富于判断力，一旦涉及与恋爱和生存相关的冲动及强烈的感情时，将很难控制选择。

据说，人在面临冲动和诱惑时，能做出冷静且合理判断的概率只有50%。

减肥时，如果面前出现一块大家都说好吃的甜点的话，两次中就会有一次吃掉甜点。

戒烟时，如果朋友一边抽烟一边问你"来一根吗？"的话，两次中就会有一次抽掉接过来的烟。

即使想下定决心放弃，也很难完全放弃突然出现的诱人选择。

话虽如此，但当人们已经决定放弃，后又臣服于冲动和诱惑的话，后悔就会找上门来。为了让这一概率降低，我们就要接受"我们会被冲动和诱惑打败"这一事实，提前采取对策。

例如，假设你决定要"考一个工作要求的资格证"。虽然在考前制订了学习计划，但在通往目标的路上，冲动和诱惑却时常出现。因此，我们应该接受这一冲动和诱惑，并事先定好规避冲动和诱惑的其他选择。

▶参加准备资格考试的讲座、网课

需要接受的冲动……工作很忙，累得睡着了

规避冲动的选择……安排好时间在上班前参加网课

▶在考试合格前，每天晚饭后都要准备考试

需要接受的冲动……停下学习去看电视

规避冲动的选择……把电视节目先录下来，考试后再看

在心理学上，像这样设想可能发生的障碍，并制定应对措施的方法，被称为"预先承诺"（pre-commitment）。

为了做出不让自己后悔的选择，要预测可能会打败自己的冲动和诱惑，并事先为自己制定应对各种情况的规则。

准备 ②

比起知识或经验，要更重视调查问卷的分数

虽然每个人的决策风格不同，但我们平时还是倾向于凭直觉下判断。

但是，在做重要决定时，如果过于依赖直觉，我们就会失去客观视角，做出"让自己后悔的选择"的可能性就会变大。

第二个准备是,为了拥有客观视角,"要有意识地关注样本数"。

我们的大脑具有根据过去的经验迅速做出决定的机制,比如"以前做得很好""很多人都通过这种方法获得了成功"等。

心理学领域称之为"启发法"(heuristics),也就是"不求甚解"或"凭直觉理解事物"。

我们经常会根据记忆中的信息和经验,做出大致的判断。

但是,虽然启发法可以提高判断速度,但也会使决策前的**思考和分析过于简单化,导致无法当场做出合理的判断。**

为了规避启发法的这一弊端,"关注样本数"不失为一种好方法。

如前所述,我在出书时,会在Twitter或NICONICO直播上公开候选书名,然后做问卷调查,看看哪个书名更好。

这么做的目的正是为了增加样本数，避免受启发法弊端的影响。

有许多出版社和编辑都会根据经验，向我提出"（大家认为的）好书名""与过去畅销书相似的书名""预感会畅销的书名"来作为书名方案。

每当这种时候，我都会提出这样的疑问：

"究竟有多少人说这个书名'好'呢？"

然后，就会得到"在编辑部好评如潮""在与销售部的会议上也有很多人赞成"等回答。样本数其实只有几个人，最多也就十几个人。即便如此，他们貌似还是认为该领域专家的意见可以作为依据。

所以，我想问你一个问题。

对于作者来说，如果要在数千人规模的问卷调查结果和编辑所说的"好书名"中做选择的话，哪个才是"不会后悔的选择"呢？

答案是后者。

当然了，出版社和编辑也希望书名能引起更多读者的兴趣，让更多的人都能读到本书，他们也都是在认真地工作。但是，他们往往不太重视选择的样本数。

正因为是熟悉的工作，才会被基于过往经验或知识的直觉牵着走，而忽略了更有效的方法。

仅靠个人对数千人进行问卷调查可能很难。但是，对于你今后将要做出的选择，收集过去遇到同样状况的人的意见这一工作并不难，因为网络让这一切变得简单了。

如果你正在为工作上的选择而烦恼，那么，你可以同经常光顾的店铺老板，或在店铺偶遇的客人，或因兴趣爱好而聚在一起的社群成员等，以不同于同事或上司的视角看待事物的人商量一下。

"过去发生过同样的事吗？"

"对于接下来的选择考虑了多少样本呢？"

通过思考这些问题，并<u>努力扩大样本数，就能提高选择的质量</u>。

准备③

不要过于相信自己的时间观念

为了冷静地做出判断,留出一定的时间很重要。

但是,制定实现这一点的日程很难。

如果能客观地看待自己,就能不急不躁地安排日程。

人类原生的时间观念非常随意。

人要努力做某件事时，往往会低估所需的时间和精力。

例如，假设你身边有工作慢的人，或者不擅长做家务的人。一看他的工作状态和做家务的方式，谁都会觉得"这件事情不可能按计划完成"。

但是，当事人却为了按计划完成工作，正埋头苦干。尽管如此，他还是会烦恼"为什么自己总是超过预定时间"。

这被称为"计划谬误"。它的提出者是认知心理学家丹尼尔·卡尼曼博士。他曾荣获诺贝尔经济学奖，并以正在撰写学位论文的大四学生为对象进行了一项实验。

卡尼曼博士问学生们："你们的学位论文什么时候能写完？"并让他们预测所需的最短和最长天数。

此时，学生们预测的平均最短天数为27天，最长天数为49天。

但实际上，写完论文所需的平均天数竟为56天。用最短天数写完论文的学生只是一小部分，而用预测的最长天数写完论文的学生都不到一半。

卡尼曼博士也坦言，他自己也有过计划谬误的经历。

有一次，卡尼曼博士要编写一本教科书。原稿的撰写工作进行得很顺利，大约只用1年时间就完成了两章。这时，卡尼曼博士曾询问编写组成员："教科书还需要几年才能完成？"包括卡尼曼博士本人在内的编写组成员都回答，2年左右，最短1年半，最长2年半。然而，教科书却是在8年后才得以完成。

甚至连获得过诺贝尔经济学奖的学者都会因误认为"自己应该能行"，而做出错误选择。

但是，卡尼曼博士也弄清了摆脱这种计划谬误的方法。

第一种方法是，**让了解你的人预测一下你能用多长时间完成该项作业。**

第二种方法是，**考虑如果不是你，而是别人完成那项工作的话，需要花多长时间。**

这两种方法的重点都是"客观视角"。

平时常用这些方法来保持客观性，即可避免做太过乐观的选择。

第二章
为做出"不会后悔的选择"做准备

预防计划谬误的方法

让别人来分析   **以他人视角分析**   **还有这些方法！**

设想最坏情况   基于过去的数据

如果能不过度相信自己，进行客观分析的话，计划就不会破产。

准备 ④

想想他人的目光

想想周围的人,听取他们的意见。

这样做出"不会后悔的选择"的概率就会提高。

想想同周围人的关系,就能防止你产生错误的想法。

第四个准备是"想象有人正在看着自己"。

你应该也有过这样的经历，在外面上完厕所后会洗手，随意地整理发型，检查镜子里自己的服装是否有奇怪的地方。

明明自己未必会被人看到，但却很在意他人的眼光。这种感觉是从远古时代起就过着群居生活的人类所具备的本能。

而且，最新研究表明，我们的大脑只要想象"正在被人看着"，就能提升负责理解和判断的认知功能。

也就是说，做选择时，仅仅通过想象"别人会怎么样评价呢？"，就能提高做出合理判断的概率。

例如，将要犯道德错误时，如果想象"如果自己的母亲、恋人、祖父母都看到这一幕会如何呢？"，就能抑制冲动行为。

还有一种方式，比"想象有人正在看着自己"更进一步，即直接准备一个环境，该环境能让你接触到可信赖的人的目光。

例如，假设你的目标是掌握英语会话，那么你可以通过上网课结交一些学习伙伴，或在社交软件上随时向朋友们公布学习进度。

通过这些方法，当马上要做出会阻碍英语会话学习的选择时，内心将产生不想让同事或周围人觉得"他果然翘课了""他中途受挫了"等的心理，从而提高持续学习的概率。

如果站在第三方角度提出建议，将做出不会后悔的选择

这种利用第三方建议的做法被称为"第三人选择"，耶路撒冷希伯来大学的研究已证明其具有效果。

研究人员把实验对象分成两组，就

"要不要买车？"

"要不要从事这份工作？"

"要不要向交往多年的人求婚？"

等，通过提供各种可选择的场景，让他们做出决断。

研究者让第一组成员假设是对自己的事情做决断，让第二组成员假设"是自己值得信赖的朋友正面临选择，需提出建议"，来做选择。

于是，第一组实验对象大多做了"应该买汽车""应该从事该工作""应该求婚"等极其独断的选择，而第二组实验对象大多做了"汽车等有了孩子再买""现在是买方市场，就业可以不必焦虑""求婚等存够钱再说吧"等基于合理判断的不会后悔的选择。

从这个实验结果来看，可以说**"第三人选择"是一种通过采纳第三方意见做出明智判断的方法。**

当然，听取更多人的意见比听取一个人的意见更有效。与其独自思考，不如将决策放在同第三方的关系中来思考，这样会更冷静，可选项也会更多。

话虽如此，也有无法做到自然地接纳第三方意见的情况。对于这种情况，宾夕法尼亚大学的一项研究可以派上用场。

研究人员把实验对象分成两组，并让医生向他们提供健康建议。

研究人员让第一组成员在听取医生的建议之前，首先考虑对自己来说重要的东西（家人、工作、宗教、恋人、宠物等），让另一组成员什么都不想就去见医生。

之后，在研究两组成员的大脑后，研究人员发现思考了重要事物的那组人，在听医生建议的时候，脑前额叶内侧被激活了。并且在实验一个月后，他们依然遵守着医生的建议。

脑前额叶内侧是处理"与自己相关信息"的区域。这里被激活则证明他们认真接受了医生的建议。

也就是说，**当思考对自己重要的事情时，大脑处理"与自己相关信息"的功能就会变活跃。**

一般认为，这是由于在这种状态下听了别人的建议，所以才会当作自己的事情更深入地理解内容。

做决策前首先要想想第三方的目光。然后听取第三方的建议，或者站在第三方的立场上思考。

要做出不会后悔的选择，第一步就是要留意这些内容，并思考与人交往中自己所处的状况。

第二章
为做出"不会后悔的选择"做准备

准备⑤

试想未来的自己

如果对眼前的选择感到迷茫的话,那就试想一下未来的自己吧。

如果能想到自己未来应有的状态的话,那么只需考虑为了接近该状态,我们应该做何种选择即可。

第五个准备是"养成想象未来的自己的习惯"。

做选择时，**试想一下"这个选择会对未来的自己产生怎样的影响？"吧。**

这是将自己头脑中的情绪化的冲动与选择分开的技巧。

为什么想象未来会对做选择有效果呢？我想介绍一个证明了这一点的研究。

下面是一项波士顿大学召集三到五岁孩子进行的实验。研究人员把孩子们分成了以下四组。

1 试着想想最近的自己（当天上午做了什么？）
2 试着想想短期未来的自己（明天上午会做什么？）
3 试着想想长期未来的自己（长大后的自己在做什么工作？）
4 试着想想现在的自己（现在的自己，情绪如何呢？）

研究人员让每个小组花五分钟时间回想过去和畅想未

来，最后通过如下测试，确认了实验操作对孩子们的"选择力"会产生何种影响。

前瞻性记忆测试……发出"请30分钟后再打开这个箱子"的指示，确认其能否记住。

精神时间旅行测试……要求回答"假设下周去森林或雪山旅行，应该带什么？"

非理性折现测试……告诉他"如果你现在忍住不吃饼干的话，明天就给你两块饼干"，看他能否忍住。

所有测试都是想调查"其能否根据情况做出合理选择"。

结果表明，第二组试想"短期未来"的孩子，其记忆力和选择合理对象的能力也有所提高。

⚠ 这么选择的话，10分钟后、10个月后、10年后会如何？

为什么会有这样的效果呢？

研究人员指出，**通过想象短期未来，就能明确自己应有的状态。**

例如，如果是"忍住不吃眼前的饼干，明天就能得到两块饼干"的话，那么通过想象第二天早上的自己，心中就会真实出现"拿到两块饼干的自己"。这样一来，就能做出更加合理的选择，即忍住不吃眼前的饼干，明天得到两块会更划算。

这种通过<u>想象未来，来引导人们做出合理选择的方法（10-10-10）</u>，是由一位美国记者苏西·韦尔奇提出的。

她是世界首屈一指的大企业通用电气的前CEO杰克·韦尔奇的妻子。苏西曾在书中介绍了在重要场合实际运用这一技巧克服困境的人，例如为和恋人结婚而烦恼的人、正逢重要商务会谈时却碰到父母生病的人等。

其主张很简单。

即，"当必须做重大决策时，要思考一下，如果这么选择，10分钟后情况将如何变化？如果做了这个决定，10个月后会不会后悔？如果朝着这个方向前进的话，10年后自己能否幸福？"

当我们在做决定人生的重要选择时，也会受到冲动、欲望、眼前利益等因素的影响。

<u>正因为如此，我们更应该从短期、中期、长期这三种未来视角来判断选择。</u>

脱离时间轴，想象未来的自己，就能做出合理的选择。

第二章
为做出"不会后悔的选择"做准备

10-10-10 有助于缓解深夜食欲

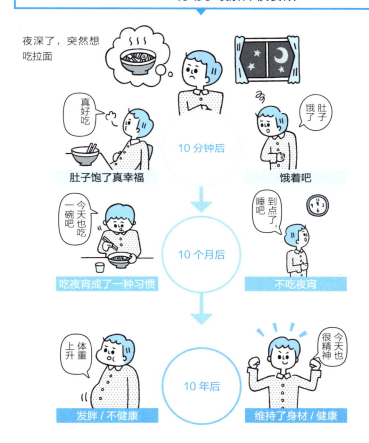

不向冲动低头,合理判断将成为可能

"10分钟后将会如何?""10个月后将会如何?""10年后将会如何?",像这样,按照短期、中期、长期来思考,就能冷静地判断出此刻吃拉面是否是合理选择。

准备 ⑥

明确计划和成本

模棱两可的思考会让选择变得不合理,最终导致后悔。

为了避免这种情况,明确应该做的事情,或者明确应不应该做这件事很重要。

第六项准备是具体地设想计划和成本。

例如,假设你正计划养成一种新的生活习惯,比如"为了保持健康,我想养成运动的习惯""为了增加知识,我想养成读书的习惯"等。也许你在年初就制定了目标,但到了春天却执行不下去。新习惯很难养成。

这是因为即便想培养新习惯,可如果计划只是"活动身体"或"读书"等**模糊事宜的话,大脑就无法做出持续培养新习惯的选择。**

如果总想着"虽说要锻炼身体,那应该从哪里开始?"的话,我们就会在犹豫中,下意识地选择"先放松一下吧"这种轻松的选项。

因此,我的建议是要写出明确的计划。

例如，我每天早上起床后都会进行一种叫SIT（一种先全力运动30秒，再休息3分钟的训练方法）的高负荷运动。同时会摄取几种营养补充剂、喝两升水，还会喝一杯咖啡以摄取咖啡因。

我的习惯是在每天早上8点到8点30分之间做这些事情，为了做到不间断，我会在每天早上都确认一次谷歌日程，并记录步骤、营养补充剂的种类和数量，作为参考。

因为把一起床就该干的事，作为一项明确计划写了下来，所以只要看到具体计划，就能落实到行动上。

如此反复，我最终养成了早晨运动的习惯。

读书的习惯也是一样。

例如，如果决定"早晨要读一本书"，就得按照顺序把应做的选择具体地写出来。

可以这么写：

1 当早晨起床结束运动后，直接走向踏步器（锻炼下半身肌肉的运动器械）

2 一边踩着踏步器一边打开书

3 在踏步器上持续运动25分钟，同时持续读书不能只写"早晨要读书"。因为人也有因"瞌睡""昨天喝多了"等理由，没有选择读书，而选择了睡回笼觉的时候。这样一来，早晨读书的习惯将无法扎根，半途而废。

大脑习惯遵循明确的计划

越详细具体的计划就越明确。而且，计划越是明确，大脑就越容易采纳该选择。

因为不明确的计划会给其他选项留下可乘之机。

想做计划并养成习惯，但就是做不好，这并不是因为你懒惰。而是因为计划不够明确，所以大脑无法锁定应该采纳的选项。

以资格考试为例，不要想着"每天至少要为资格考试学习30分钟"，而应该想"回到家，直接走到书桌前，放下包，换好衣服，直接坐在座位上，打开教材""定时学习30分钟""吃完早饭马上坐到电脑前""听30分钟提前购买好的在线课程"等。

并不是要你制定一份安排满满的日程表，而是要明确地按顺序写出你的选择和应该做的事。

做到甚至会让自己觉得"有必要做到这种程度吗"的水平吧。

我会把制订好的计划写在谷歌日程上，然后通过手机查看。当然，记事本其实也可以做到。重要的是每天都写，直到能切实做出合理选择为止。

例如，可以把第二天早晨要做的事情写在纸上，折好放进口袋。只要有空就拿出来看看。

只要制订出明确的计划，大脑就会自然而然地朝着你所要求的方向做出选择。

ⓘ 培养将时间换算成金钱，剔除无用功的意识

在选择自己应该采取的行动时，用成本收益（cost benefit）的方法来判断也很有效。

所谓成本收益法，就是将行动所花费的时间换算成金钱，比较该选项是否值得选择的方法。

举个例子，假设你每天在公司工作8个小时，上下班往返

各1个小时，通勤共花费2个小时。如果每月出勤21天，那么每个月要花210个小时在工作上。如果月工资是30万日元，那么每小时的收入大约是1400日元。也就是说，你每小时创造的金钱价值是1400日元左右。

假设你为了吃一碗800日元的网红店拉面排了1个小时的队，那么拉面费用加上你的1小时金钱价值，就等于你花费了2200日元的成本。当然，相应地你也将吃到美味的拉面。但是，选择一家不用排队的餐厅花30分钟吃完饭，并把剩下的30分钟用来学习或休息的话，从成本角度来看则是更划算的选择。

当然，如果那碗拉面是你排1个小时的队也想吃的美味，或者它能让你满足的话，那么你选择排上1个小时的队也无可厚非。

但是，如果是以"看起来美味""得排队才能吃上的店，所以应该好吃"为出发点去排队的话，一旦没有获得相应的满足感时，那么你失去的将不仅是排队时间。与此同时，你也将失去本来可以通过自我投资或工作得到的金钱价值。

每个人一天都只有24个小时。正因为时间难以定量评

超级决断力
不会做决定,你就一辈子被决定

用成本收益法来选择

选择①

看1个小时电视

因为百无聊赖,所以想看电视。看电视的确能起到休息的作用,但是值1000日元吗?

例,时薪1000日元的临时工

当犹豫不决时,通过将包含时间在内的成本与收益放到天平上做对比,就能给不会后悔的选择提供判断依据。

那么,今后该怎么办呢?

选择②

为了考到资格证书学习1个小时

通过学习考取资格证书,走上薪酬更高的岗位,这样选择好处更多。

选择③

慢跑1个小时

如果通过运动,能让寿命延长的话,慢跑1个小时,就会有1000日元以上的价值。

稍纵即逝的1个小时也能换算成金钱。而且,通过换算成金钱,选择也将更明确。

估，所以才将其换算为更直观的金钱。

当把时间换算成金钱，就能看到自己的1分钟、10分钟、1小时的价值。运用这一标尺，就可以问自己"这是否是一个有价值的选择"。

在这里，明确性也会成为一种力量，将你的选择引向更好的方向。

Let's try 试着做一下 02 让我们练习一下客观地审视自己吧

效果
提升持续力
★★★
提升客观力
★★★★★

把你的行动以视频的形式记录下来,就能客观地看待自己。

STEP 1 在采取行动之前,先打开智能手机或普通手机的相机功能

用自拍的方式开始拍摄视频。

然后,"进入自己的房间,坐到桌子旁,打开资格证书考试用书",开始对你的选择和行动进行实况转播。

STEP 2 设定计时器后开始行动

正式进入房间,坐在桌子前,宣布"从现在开始的30分钟里,我要准备资格考试"。

然后,设定好计时器开始学习。

STEP 3 一直自拍到结束,记录自己的行动

持续做当天决定要做的事,结束后停止拍摄。

STEP
 第二天,在学习前,重新审视一遍自拍视频

不需要全部看完。通过回顾开头几分钟或结尾几分钟,就能明确自己今后应该做的选择。

这是在积极心理学的研究中,研究人员提倡的被称为"过程可视化"(process visualization)的方法。通过明确认知积极结果,从而提高目标达成率。

> 总结
>
> 通过自拍视频客观地看待自己,不仅能提高做出合理判断的概率,还能从第三方的角度看清自己选择的合理性。

习惯改变人生。

培养新习惯需要付出努力,习惯一旦养成,它就会成为你的能力。

通过习惯来拓宽视野,并打造一个能专注于选择的环境,自然就能做出"不会后悔的选择"。

第三章

养成不会后悔的习惯

前言

习惯是改变人生的原动力

如果通过培养一个小习惯就能做出"不会后悔的选择",你不想尝试一下吗?

本章将介绍如何通过培养习惯来提升"选择能力"。

习惯既会让人生朝着好的方向改变，也会让人生朝着坏的方向改变。

众所周知，有吸烟习惯的人比没有吸烟习惯的人得癌症的概率高。因此，医生可能会提醒你吸烟的危害性，家人也可能会阻止你吸烟。

即便如此，如果你还继续选择吸烟，就可以看作是在行使愚行权（做蠢事的权利）。嗜烟者自己选择了缩短寿命。

相反，成功戒烟的人，因为养成了不吸烟的新习惯，所以生活变得比以前更健康了。走向戒烟的心境变化因人而异，但可以说新习惯将人生引向了好的方向。

我的朋友中有一位成功的经营者。这位朋友曾说过他有一个习惯，每当挫折即将来临时，他不会想"要是当时没那么做就好了"，而是会想"接着往下做，必定会收获大成果""不论做出何种选择，根据随后行动的不同，结果也将发生改变"。

像吸烟这样的生活习惯,以及像我朋友一样的思考习惯等,各种无意或有意养成的习惯,都会对你的选择产生巨大的影响。

为了做出不会后悔的选择,养成容易做出合理选择的习惯非常重要。

本章将介绍以下三种行为习惯,助你做出不会后悔的选择。

1 准备多个样本的习惯
2 在上午做困难选择的习惯
3 为不安制定对策的习惯

当然,新习惯的形成需要一定的时间。但重要的是,**即使是一点点改变也可以,要持续努力直至养成习惯。**这样的话,行为总有一天会在无意中扎根,自然而然地养成习惯。

另外,为了让习惯固定下来,以下三点很重要。

"具体计划什么时候、在哪里、做什么、怎么做。"

"锁定一个行动。"

"明白让习惯自动化需要一定的时间。"

正所谓"逐二兔者不得其一",从一开始就贪得无厌是大忌。

接下来要介绍三个习惯,对于这些习惯,重要的是要有针对性地坚持下去。

一旦养成习惯,将收获极佳的效果。想必这些习惯也会自然而然地引导你做出"不会后悔的选择"。

习惯 ①

准备多个样本

我们的选择会因偏见而被局限。

通过养成减少偏见,准备多个样本(判断依据)的习惯,

就能以更宽广的视野做出选择。

准备多个样本（判断依据）的习惯，可以帮助我们消除偏见所造成的坏处。

为什么为了做出"不会后悔的选择"需要多个样本呢？为了便于理解其原因，我们可以利用"第一印象"的例子。

例如，请想象一下这样的场景。

为了给配偶庆祝生日，虽然有些紧张，但你还是硬着头皮来到了预约好的高级旅馆。为了配合你们预约的时间，老板娘会在旅馆入口迎接你们两位。当你一边想着"高级旅馆果然不一样"，一边办理入住手续，被带进房间的时候，你应该会觉得"虽然住宿费有点贵，但是选择了这家旅馆真是太好了"。

特别是本来你是带着紧张的心情来到旅馆，却受到如此热情的迎接，喜悦之情和安心感就会更加强烈，对对方的好印象也会深深地印刻在心里。

这就是心理上产生了反应，即"首因效应"。

当我们初次见到对方时，会在无意识中用约7秒的时间形成第一印象。而且，据说初次见面的印象在一个人心中可以留存半年。

提供一流服务的人，会将这种"首因效应"作为经验法则，或者作为心理学技巧来运用。

擅长演讲的商务人士，莫名地能主导会议气氛的同事，比起回头客更擅长应对新客户的销售人员，看上去中规中矩，但不知为何很受欢迎的人，他们正是将力气用在了初次见面的接触中，所以才给对方留下了好印象。

但可怕的是，在"首因效应"的影响下，**在产生"好人"这一第一印象的人的大脑内，"确认偏误"将会发挥作用。他们将会去寻找"好人"的优点、"热心人"的热心之处、"优秀的人"的优秀之处。**

例如，被老板娘迎接入住高级旅馆的人，之后即使其房间有些不足之处，或饭菜口味没有达到预期，也将无法摆脱"这里很好"这一最初的印象。

即使感觉饭菜口味一般，但是目光还是会落在"院子里的苔藓打理得很好啊""居住环境看起来很高级啊"这些地方，最终无法做出客观评价。这样一来，能做出不会后悔的合理选择的可能性就会无限降低。

正如没有第一印象不好的骗婚者，也没有初次见面就态度冷淡的无良销售员一样，虽说给人的第一印象很好，但也不能就此确定地说对方就是好人。

正因如此，**为了不被第一印象所迷惑，能够冷静地做出判断，"事先准备各种样本"很重要。**

顺便一提，我也是一个受益于首因效应和确认偏误的人。之所以这么说，是因为那些在电视上看到我，并认为我是"话锋犀利的人""能给出合适建议的人"的观众，之后也将试图找出我本人的其他优点。

例如，我有一个很大的缺点，就是"没有时间观念"。一般在开会集合时间迟到的话，大多会被认为是"不礼貌的人"。但得益于首因效应和确认偏误，大家会觉得"他和一般人不一样"然后容忍我的行为。此后，如果我还能做一些挽回事态的发言的话，反倒能强化"他果然很犀利"的印象。

相反，如果一开始就给人留下不好的第一印象，例如一个人被评价为"不会察言观色"的话，那么这个人就会被对方挑出很多负面的东西。

无论是正面评价还是负面评价，人都会囿于对方的第一印象，进而让"这是个〇〇的人"的评价在心中定型。

当然，这不仅适用于人，放在决策上也同样适用。如果一开始就认定"这个选项是如何如何"，后期就会很难推翻这个判断。

因为人类有一种特性，就是在不知不觉中认定"自己选择的才是正确的"，戴着有色眼镜看待事物。

⚠ 想和大家做同样的事的心理

除了首因效应和确认偏误外，还有别的需要准备多个样本的理由。即，他人的评论会产生影响。

现如今，网上的风评、职场和学校等单位的**口碑等也都在很大程度上影响着我们的判断。**

"因为大家都说好，所以肯定很好吃。"

第一印象很"危险"，也许会迷惑选择

印象可以发挥作用 但是 **印象好 ≠ 好选择**

首因效应指第一印象刻在心中的心理作用，在这种好坏参半的心理作用的影响下，人总是会仅通过最初的印象来下判断或得出评价。

有时外表看起来是个好人，但内心却是个坏人。特别是在商务场合，很多人都想打造最佳的第一印象。

"因为有人说他很厉害,所以他一定是个厉害的人。"

"因为大家都说很糟糕,所以应该不去比较好。"

你是否也有过这样的思考和选择呢?

这种"想和周围人做同样事情"的心理被称为"社会证明",在不熟悉的地方更能发挥作用。

例如,你第一次去国外旅行,下了飞机后,在机场里不知道该往哪个方向走,这时你应该会环顾四周。而且,如果你最先发现的不是指示牌上的信息,而是大多数旅客所移动的方向时,那么你应该会放心地跟着他们走。

这是基于"认为'大多数人的选择是正确的'"这一社会证明而采取行动的一个例子。

零售店之所以会展示人气商品排行榜,是因为商家想要通过社会证明来引导顾客购买商品。

顾客在购买从未用过的商品时,会更在意别人的评价。顾客会想"既然有很多人买,应该没问题吧",然后没有冷静分析就购买了。最终却得到"因为评价很好,所以买了试试,但结果不尽如人意"的体验。

他人的评价和口碑未必可信。因为这只是前面提到的首因效应和确认偏误所产生的印象的积累。

如果在购买商品之前,就注意到了商品排行榜,但自己想要的商品却不在其中的话,就会感到些许不安。相反,如果想要的商品上榜，我们就会放心购买。

但是，即使大家都选择了，也不一定是好的选择，所以我们不用为此专门看某大国的总统选举，因为世界上有各种能够佐证的案例。

人类的大脑非常容易受这种偏见的影响，很容易想当然地做出"就是这个没错"的选择。

为了减少因做了和大家一样的选择，而最终感到"选错了""真后悔"的次数，我们有必要养成准备多个样本的习惯。

⚠ 选择时试着站在不同立场思考问题

那么，为了准备多个样本，具体应该怎么做呢？

比如，当开始在意肚子有点臃肿，心想"要不减肥吧？"的时候，本来有无数备选项。例如减少食量、控制糖分摄入、做运动、去健身房、在网上搜索减肥方法、尝试电视上谈论的某种减肥法……

但是，一般人们在考虑众多选项前，会不由自主地选择别人推荐的、自己也觉得"不错"的方法。

如果身边有最近减肥成功的朋友向我们推荐卷心菜减肥

法，那么在首因效应的作用下，我们会不由自主地觉得"这是个厉害的减肥法"。

但是，现在已经得知，只吃一种食材的减肥法，即使能暂时让体重下降，反弹的概率也会很高。这些知识只要读一两本从中立角度看减肥的书就能得到。

像这样，如果养成准备各种样本的习惯，就能防止因冲动做出不合理的决定。

读书的话，不要只读一本书，要兼读与那本书持相反立场的书和基于科学依据的书。如果是经验之谈，可以兼听以特殊方法获得成功的人和失败的人两方面的声音。引入第二观点和第三观点，判断哪种说法更有说服力很重要。

特别是有无科学依据，对于做出合理的选择非常重要。对于减肥来说，坚持运动和控制卡路里的摄入是被科学证明的有效方法。

相对的，每年都会流行一阵的奇葩减肥法，其大部分都缺乏持续性。很多人在达到了目标体重后，由于本人的积极性下降，最终导致了反弹。

我们不仅可以从他人的意见、书籍、网络上，还可以通过换位思考的方式获取多个样本供我们选择。

当我们被迫选择时，可以试着换位思考"别人会怎么

超级决断力
不会做决定,你就一辈子被决定

掌握多角度思考的方法

①收集对立意见

试着怀疑自己的想法。

通过听取与自己完全相反的意见,可以让自己停下来思考选择是否正确。

②换位思考

用不同的视角来思考

站在别人的立场上考虑。这样一来,自己本来想不出来的意见也能设想出来。

③读两本文献

参考科学的分析

如果分析是基于科学而非个人主观判断的话,就能从客观角度看问题。因为有理有据,所以容易摆脱偏见。

想?""上司会怎么想?""和自己持相反立场的人会怎么想?""竞争对手会怎么想?""粉丝们会怎么想?"。

用不同视角看事物,将会发现各种意见。

通过这种方法来养成**增加判断依据**的习惯吧。

这样一来,我们就能更容易地发现因偏见而产生的臆想,从而能客观且合理地进行分析和判断。

习惯②

在上午做困难选择

我们每时每刻都在做各种各样的选择，本节将重点介绍"选择的时间段"。

养成上午做选择的习惯，改善你的"选择疲劳"吧。

第二个促使做出"不会后悔的选择"的习惯是"在上午做困难选择"。

哥伦比亚大学的希娜·艾扬格教授曾做过一项有趣的实验。艾扬格教授和他的实验团队在一家超市的试吃区，设置了24种果酱的柜台和6种果酱的柜台，并调查了这两种设置方式对销量有何影响。调查结果显示，果酱种类丰富的柜台，吸引了更多的顾客前来品尝。

只看这个结果的话，我们能够得知选择的余地越多，就越能吸引人前来品尝。可是，当调查了试吃后最终购入果酱的顾客比例后，这一数字竟然发生了逆转。

这个被称为"果酱法则"的实验结果对各种各样的商业营销产生了影响，现在人们认为，**比起提供丰富的选项，提供有限选项更能提高销售额。**

原因在于，**过多的选项会剥夺人对事物的判断力，使人陷入无法选择的状态。**

超级决断力
不会做决定，你就一辈子被决定

我们每天都会做出多达70次左右的人生的选择。在这些选择中，包含着是否应该换工作，是否该马上决定结婚，是否要进入已经拿到录用通知的公司等，对大多数人来说都是难以当机立断的选择。

在日常生活中，每当我们重复"做/不做""决断/不决断""选A、选B还是选C"等选择时，我们的判断力就会逐渐减弱，陷入无法集中注意力的状态。

大多数人在早上出门时都是雄心万丈，但一过了午休时间，到了开始在意下班时间的时候，就会陷入疲惫。判断力自然也会变得迟钝。

⚠ 选项如果过多，反倒变得无法选择

希娜·艾扬格在与斯坦福大学的乔纳森·雷巴布的共同研究中，以德国的新车销售店为平台进行了如下实验。

实验对象是要用自己的钱购买新轿车的人们。他们在购买新车时，需选择各种各样的配置。

选项① 换挡杆有4种，选择哪种？

选择② 方向盘有13种，选择哪种？

选项③ 引擎盖下的发动机和齿轮箱的组合方式有25种，

选择哪种？

选项④ 车的内饰颜色和材料的组合方式有56种，选择哪种？

起初，买车的人会在慎重对比众多选项后做出选择。但是，在经历几轮选择后，就会不挑不拣直接选择初始配置。

特别是刚开始就得从56种选项挑选起的实验对象会更容易疲劳，很早就直接选择初始配置了。相反，如果让他们从4种换挡杆选起的话，能稍微坚持一下继续选择的实验对象则会增多。

顺便说一下，当销售人员配合实验对象选择能力的剩余程度，改变给出选项的时间点，还能成功地让实验对象选择目标配置。

两个实验表明，如果选项过多，人们就会推迟做选择。

但是，大脑并没有忘记延迟选择这件事。因为一边想着"总有一天得做出选择"，一边还得思考其他事情，所以大脑会感到疲惫，进而失去判断的能力。

当然，在判断力减弱的状态下做出的选择很容易后悔。

因此，我们应该在还未出现"选择疲劳"的上午对困难选择做决策。

因为留有余力，所以能够做出合理的决断，也不会因推迟选择而感到疲劳。

💡 如果不停选择，则会因疲惫而开始放弃思考

事实上，已有研究表明了上午做选择的重要性。

斯坦福大学的乔纳森·雷巴布和本·古里安大学的沙伊·丹齐格曾调查过以色列监狱对假释的决定。假释是决定服刑人员是否应该获得自由的重要选择。

他们分析了以色列监狱一年中1100多个假释决定。由此，浮现出了一种特定模式。

首先，获批假释的件数约为申请假释的1/3。而且，获批假释的服刑人员中，约有70%的人是在上午早些时候接受了审讯官的审问。与之相比，在下午晚些时候受审并获批假释的犯人占比不到全体的10%。

两名研究人员称，作为审讯官的法官，其举止并没有恶意或异常。因审问时间不同而造成的决定偏差与法官反复做出重要选择的"选择疲劳"有关。

也就是说，比起服刑人员的民族背景、犯罪类型、判决内容、在监狱的生活态度，接受审问的时间对假释决定的结果产生了更大的影响。

这种"选择疲劳"在日常生活中影响着所有人的决策。而且，当疲劳达到顶峰时，就会感觉做决定变得很麻烦，于是会不经比较讨论，进而做出冲动的选择，或者选择回避、推迟选择。

法官之所以一到下午晚些时间就不批准假释，是因为他们已经没有力气比较和讨论服刑人员是否有再犯罪的可能性了。可以说，法官们是因为"选择疲劳"而选择了轻松的选项。

看了这个研究结果，想必大家应该就能够明白养成"上午进行困难选择"这一习惯的重要性。

⚠ 早晨决定一天行动的习惯，有助于实现不会后悔的选择

根据脑科学的研究，早晨起床后的2个小时是大脑最清醒的时候。

其中，吃早餐后的约30分钟是黄金时间。

这段时间是一天中自控力和选择力最强的时间段。如果你想要接触新事物，想要做出左右人生的选择，请好好利用这30分钟。

为此，首先要早起。**可以制定一个日程，让自己在早餐后的30分钟到1个小时，能投入地做重要决定。**

如果你每天8点出门上班的话，那么我建议你可以养成一个习惯。早晨6点起床，然后吃完早餐。利用6点30分到7点30分这1个小时集中精力进行判断。

大脑在早餐后30分钟将达到最清醒的状态，并从那时起大约持续4个小时。如果是6点起床，7点吃完早餐的话，大概到11点为止是适合进行脑力工作的时间段。

之后，人的判断力就会逐渐下降，慢慢开始难以应对复杂选择。可以的话，**还是趁着早上还清醒，制定当天的日程吧。**

到了公司之后，最先开始做什么？必须在几点做完？接下来要做的工作是什么？要在很少会反应迟钝的早晨，提前预测可能发生的事情，并做好准备。

在早晨头脑清醒的时候制订明确的行动计划，还可以预防不必要的"选择疲劳"。

尽量把做好的计划写在纸上。这样一来，在遇到没有按计划进行的情况时，就能不慌不忙地应对。

也许有人会担心，如果制订了太明确的行动计划，一旦出现偏差会不会造成混乱？但实际上恰恰相反，有了明确的计划，就能更容易地重新调整计划，从而毫不犹豫地采取

第三章 养成不会后悔的习惯

保持头脑清醒，避免"选择疲劳"的技巧

①制订一天的计划

我们可以预先安排一天的行动，在这一安排下行动时，一旦碰到选择，我们将不再游移不定。

②在自己的心中制定规则

就像早餐要吃面包喝咖啡，中午要喝红茶等，提前对每天要做的事锁定选项，就可以避免"选择疲劳"。

③不增加物品

如果包里面有好几根圆珠笔或签字笔的话，会不知道要用哪个。如果只随身携带一本书的话，就不会疲于选择。

行动。

"要在上午做困难选择。"

"在早晨制订一天的行动计划。"

养成这两点习惯,就能防止出现不必要的"选择疲劳",也能避免类似"当时冷静的话,就不会做出那种选择了……"的情况发生。

第三章
养成不会后悔的习惯

习惯③

为不安制定对策

人一旦被不安所驱使,就会因焦虑而选择短视的解决方法。

当人陷入危机时,是乐观面对,还是消极面对,不同的面对方式会让选择质量出现显著差异。

第三个习惯是"为不安制定对策"。

不安会蒙蔽你的双眼，把你引入后悔的选择。

从心理学角度看，有较多不安情绪的人与对事物抱有消极想法的人，会变得难以注意到身边环境和状况的变化。而且，心理学家、行为经济学家丹尼尔·卡尼曼博士的研究表明，他们还会变得难以接受新的价值观和提议。

虽然原本有很多选择，但在不安情绪的驱使下，人会提高警戒心，并且因过度思考而无法采取行动。

也就是说，**如果任由不安威胁下去，不仅选择时间将延迟，而且行动次数也会减少。**

同时，被否定臆想所束缚的被称为"消极偏见"的心理也会起作用。进而开始关注"试着做了也做不好""以前也失败过"等否定现象。因为是在心里还存有顾虑的情况下进行的选择和行动，所以失败的可能性很高。

不要在不安中采取对策，对不安绝对不能放任不管。"下次可能还是不行"的消极情绪会妨碍理性思考，让"不会后悔的选择"离你更远。

如果想掌握做出不后悔选择的能力，首先必须学习如何面对和处理不安。

如果你认为自己是"比别人更容易感到不安的类型"，那么请检查一下自己是否有下述三种想法。也许你会执拗于成功、正确、安全等，最终让自己感到不安。

- ☑ 不做出成果就得不到周围人的认可
- ☑ 人总是应该做正确的事，否则就会被否定
- ☑ 人在生理上应处于安心、安全的状态，绝不该处于不安、危险的状态。

有这种偏见的人，在做选择的时候也会有执着于"正确""正常/正义"的倾向，碰到有些偏离的选项，就会感到奇怪。如果你也有这种感觉，就请按照以下方法来处理吧。

首先，要意识到消极偏见的存在。在此基础上，先冷静下来思考一下，自己现在感到的不安是否真的是碰到了需要关注的危机（关乎生命，关乎做人的信用）。

⚠ 你是如何应对关键人物的表情变化的呢?

例如,请试着想象一下这样的场景。

假设你要和客户开会但迟到了几分钟。与会者均已到齐,当你打开会议室的门,关键人物看到你的时候,脸上露出了不知该理解为是微笑还是苦笑的半吊子笑容。

关键人物会为你的到来感到高兴吗?还是不满意你的迟到呢?

你会如何理解关键人物露出的笑容呢?

在消极偏见的作用下,你可能会觉得"他正在生迟到的气",所以在会议期间无法保持平静。

为了挽回失败,你可能会不经意地做出无法实现的承诺。

或者,因为害怕被关键人物斥责而对会议内容充耳不闻,进而造成其他错误。

相反,如果你能积极地看待事物,应该就能将关键人物的表情变化解释为"安心的笑容",以轻松的状态参加会议。

像这样,根据对同一信息做出的不同解释,所能看到的世界就会完全不同,之后的选择也将发生巨大的变化。

⚠ 无论何时何地都能通过呼吸法应对不安情绪

有两种方法可以应对不安。

一种是**通过呼吸法和冥想进行心理训练**。

另一种是**改变解释，化不安为动力**。

首先介绍一下"呼吸法"和"心理训练"。

人在感到不安时，呼吸会变浅、变快。于是，交感神经开始运作，血液循环减慢，大脑所需的新鲜氧气供应开始停滞，注意力、集中力、观察力、判断力都会下降。

其结果是，在高涨不安的情绪下，人会进一步犯错，而犯错又会让人更加不安，形成恶性循环。

为了切断这种恶性循环，我们要改变呼吸方式。慢慢吐气，再慢慢吸气。只需重复这个动作，肩膀就会放松下来。

有很多呼吸法能让心情平静下来，这次我想从**不用勉强就能坚持的角度出发**，介绍一种被称为"作战呼吸法"（tactical breathing）的方法。

这是美国国防部正式采用的呼吸法，在训练和战场等现场被迫处于紧张状态的美军士兵们实践过这一方法，取得了很好的效果。

超级决断力
不会做决定，你就一辈子被决定

让心情瞬间平静下来的作战呼吸法

美国国防部采用的呼吸法。其特点是具有稳定脉搏和降低血压等功效，易于实践。

做法

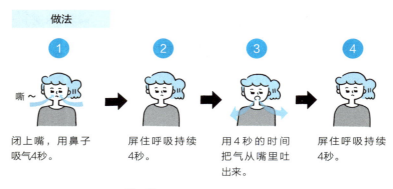

1. 闭上嘴，用鼻子吸气4秒。
2. 屏住呼吸持续4秒。
3. 用4秒的时间把气从嘴里吐出来。
4. 屏住呼吸持续4秒。

重复 ① ~ ④，直到情绪平静下来。

要点

在心中数4秒
数呼吸这个动作，可以将散乱的意识集中起来，产生高度的集中力。

一旦感到不安等，就马上实践
不受时间和场所限制的作战呼吸法。养成习惯的话，就能更好地抵抗不安。

其方法如下所示。

1 闭上嘴，用鼻子吸气4秒。

2 屏住呼吸持续4秒。

3 用4秒的时间把气从嘴里吐出来。

4 屏住呼吸持续4秒。

重复以上步骤，直到情绪平静下来。

这个方法不仅简单，还具有稳定脉搏、降低血压、镇静脑神经、消除压力等效果。

这个方法在任何地方都可以做，当你发现自己"有点紧张""呼吸变浅"的时候，就试一试吧。

在悠闲时光里，通过冥想应对不安情绪

接下来介绍通过冥想进行的心理训练。早晨起床后，或晚上睡觉前等，可以在时间充裕的时候试一试冥想。

冥想的功效已在脑科学领域得到认可，它可以提高人的注意力和判断力。此外，心理学领域也证实，它能放松身心，对管理压力、抑制冲动、提高自我认知能力均能产生积极影响，还能提高对不安的耐受性。

冥想最重要的是，即使时间很短，也要孜孜不倦地坚持

下去。

下面介绍一种被称为"数息观"的方法，这种方法就算是初次尝试的人也很容易上手。

1 端身正坐。

2 虚视前方1.5米处（不要闭上眼睛）。

3 以每分钟4~6次的速度慢慢呼吸，数呼气的次数。

4 随着呼吸先数到10，再数回到1。

5 持续从1到10数呼吸。

6 当你走神时，要静静地返回1重新开始对呼吸计数。

第一次冥想的人很容易走神，但不要太在意，请继续练习。

练习走神时重新让意识返回到呼吸上，这样在日常生活中

不安瞬间消失的冥想法

数息观是伴随佛教从中国传入时，一并传入日本的冥想法。具有提升注意力、判断力，放松身心的效果，能提升对于不安的耐受性。

我们心烦意乱时，就能更容易地调整呼吸了。

习惯这种冥想法后，可以延长练习时间，逐渐增加练习次数。

关于冥想，我还专门为iPhone开发了一款名为"心理训练"的App。大家可以一边使用相机，一边进行简单的冥想训练，请一定要尝试一下。

⚠️ 化不安为动力，做出更好的选择

第二个应对不安的方法是"改变解释，化不安为动力"。

这里介绍一个在德国进行的实验。实验对象是194名德国平民和270名德国记者，以及159名波兰学生。

研究团队问了他们两个问题。

1. 对于截止日期的不安，对按时完成工作和课题有帮助吗？
2. 对于能否达成目标的不安，是否有助于你努力工作、集中精力呢？

提问的意图是了解他们将不安视为达成目标的积极因

素，还是阻碍工作的消极因素。

实验结果显示，对两个问题都回答"有帮助"，认为不安对实现目标和提高动力不可或缺的人，他们的成绩更好，对工作和人生的满意度也更高。

因为有了不安，所以能够遵守期限，因为有了不安，所以能够集中精力达成目标。研究团队将这种积极地看待不安的方法命名为"不安动机"。他们指出，**根据解释方式的不同，不安可以为我们增强动机。**也就是说，我们可以这样解释：不安可以在心中制造强大的能量。通过改变视角，发现积极要素的这种思考方式在心理学领域被称为"重构"（reframing）。

以下实验展示了"重构"的效果。哈佛大学的研究团队让学生们参加"当众演讲""数学考试""卡拉ok"等容易感受紧张的活动，并测试了重构的效果。

研究团队指示学生说："当你感到不安时，请试着大喊'我兴奋起来了！'"结果，大喊了的学生的演讲和卡拉ok评分提高了17%，其数学考试成绩提高了22%。

为什么会出现这样的结果呢？因为其实不安和兴奋对身体产生的改变是一样的。人在感到不安的时候，身体也会通过心跳加速等方式被激活。**因此，可以将不安理解为兴奋，这样就可以减轻心理负担。**

如果你的心脏因为不安和焦虑而七上八下，请把它想成是"正向全身输送血液来提高行动力"。这样一来，就能增强抵御消极情绪的能力，形成能够面对逆境的体质。根据对身体变化进行的不同解释，所能发挥的能力也会大不相同。

即使有些勉强，也要养成能够把心情调整到积极方向的习惯，这就是应对不安的对策。

顺便一提，**重构对于在工作和学习等方面因"没有时间!"而焦虑的人也有效。**

例如，当你因工作堆积如山而感到焦虑时，可以试着大声说："我只是在兴奋而已。"

此时，请把同样的句子重复三次，让自己相信自己说的话。这样一来，就会产生继续工作的热情，比起消沉地工作，效率会更高，工作效果也会更好。

另外，当你在考试前感到不安时，请告诉自己"该做的都做了"。考试切忌焦虑。重构带来的积极情绪会提升你的考试表现。

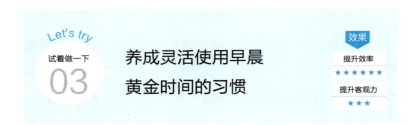

接下来要介绍的,是有效利用早晨黄金时间的训练方法,这被称为"艾维·李法"(Ivy-Lee method)。

这是一种锁定应做行为的方法,即建立"在完成一项工作之前,坚决不做下一项工作"的机制。

步骤如下。

STEP 1 在纸上写下6个"今日应做项"

STEP 2 将这6项按重要顺序编号为1、2、3、4、5、6

STEP 3 按照这一记录的顺序进行工作

STEP 4 如果不能全做完,不必后悔,忘记即可

STEP 5 第二天,重新记录6个新项目

STEP 6 仔细重复步骤1~5

重点是，在完成一项工作之前，不要做下一项工作。另外，当天没能完成的工作，也可以挪到第二天再做。

通过实践这个方法，可以防止你在同时进行的工作中出现这样那样的混乱，将工作集中在一项上，就能毫不犹豫地做出结果。

该方法的创立者艾维·李（Ivy-Lee）曾是活跃在20世纪前半叶的经营顾问，后来其被称为"公共关系之父"。他把这个由6个步骤组成的方法传授给了有"想要提高生产效率却总是做不好"的烦恼的客户。

> **总结** 通过在早晨黄金时间实践，你就能在确定中度过新的一天，并提升做出合理选择的可能性。

_____

偏见在不知不觉中将我们束缚,并使我们的判断力变得迟钝,招致"后悔的选择"。

但是,我们有对策。只要知道这些偏见真实存在,并能经常意识到,就能克服。

第四章

削弱选择力的
5 个误区

超级决断力
不会做决定,你就一辈子被决定

合计

削弱选择力的
5种偏见

主观臆断和思维偏见会深刻地影响我们的选择。

而且,现在已得知这类偏见会在人的精神状态不稳定时产生很大的影响。

第四章
削弱选择力的5个误区

这么问可能有些唐突,但请你回顾一下自己迄今为止的人生。

我想你应该做过很多选择。其中有多少是后悔的选择呢?

然后,从回忆起来的后悔的选择中,回想一下做出这个选择之前你的精神状态。

在做出选择的时候,你是否正处于第二章介绍的受外因所影响的状态呢?是不是在"理应做到"这一巨大压力下做着决定呢?

实际上,人在选择时的精神状态会对"选择能力"产生很大的影响。

心理学研究表明,**人在感到压力、因投入大量资金而焦虑、过度思考等心理失衡的状态下,更容易做出让自己后悔的选择。**

但麻烦的是,**我们并不善于判断自己是否正处于心理失衡**

的状态。

特别是在面临重大决断时,几乎没有人能反思自己的心理状态。在感到压力的同时做出不合理的选择,最终导致后悔的结果。

造成这种现象的原因是被称为"偏见"的大脑结构,即凭借经验的先入为主的观念或偏颇的观点来判断事物。

大脑每天都要处理大量的信息,在"以前是这样,这次也一定是这样"的想法之下,人的利用偏见迅速做出判断的能力越来越发达。

结果,**越是心情不舒畅的时候,大脑就越想放松,就越容易产生偏见,做出不合理的判断。**

例如,第三章提到的消极偏见也属于其中之一。比起积极的事情,对消极的事情做出敏感反应的习惯日积月累,并形成一种脑回路。对不安敏感的人具有强烈的消极偏见,会下意识地关注负面现象。

以下五种偏见是导致"做出会后悔的选择"的代表性偏见。

1 情绪偏见

不承认不愉快的事实,只接受肯定性的意见。

② 投射偏见

以眼前情绪为基础,估算未来能获得的幸福量。

③ 沉没成本偏见

为了挽回已经花费的金钱和时间,继续做无益的交易。

④ 正常性偏见

即使发生一些异常情况,也将其归入正常范围内,想保持内心的平静。

⑤ 记忆偏见

基于过去被歪曲的记忆对未来做出了选择。

通过充分了解这些内容,学习应对方法,那么不论处于何种心理状态,我们都将做出合理的判断。

误区 ①

情绪偏见

人的感情总是在变化。

心情好的时候,不好的时候,焦虑的时候,平常心的时候……

这些情绪变化会影响我们的选择。

第四章
削弱选择力的5个误区

偏见会妨碍合理的决策和逻辑判断。

获得诺贝尔经济学奖的认知心理学家丹尼尔·卡尼曼教授用一个简单的算术例子，对我们容易陷入的偏见误区进行了说明。

请阅读下述问题，并在15秒内回答。

"球棒和球一套要1美元10美分，球棒比球贵1美元，球要多少钱？"

那么，你认为球是多少钱呢？

在卡尼曼教授的实验中，大多数人会迅速而自信地回答"球是10美分"。

但是，这个答案是错误的。正确答案是5美分。球棒是1美元5美分，球是5美分。

如果你回答成了"10美分"，也请不要感到失望。因为这正是偏见的一种代表性作用——迷惑性选择。

在卡尼曼教授的研究中，他也曾向哈佛大学、普林斯顿大学、麻省理工学院等一流大学的学生提出过同样的问题，结果50%以上的学生回答了"10美分"。

偏见与头脑是否聪明和学习能力的高低无关，它会在特定情况下迷惑人的选择力和判断力。

就以刚才的问题来说，"15秒内"这个时限，给了我们不安和焦虑。

在这种情况下，我们不会花时间仔细阅读问题，并在纸上写下算式，而是会走入被卡尼曼教授称为"心理捷径"（mental short cuts）的快速判断方式。

就这个问题来讲，我们会很自然地答出"1美元10美分减去1美元……球是10美分！"

"心理捷径"指的是不能迅速、正确地进行讨论，只相信一个答案或选择，停止思考的状态。

这样做是**为了让自己推导出看似简单正确的答案，并得到必须在15秒内回答出来的自己的认可。**

如上所述，人的决策很大程度上会受到当时的状况和焦虑情绪的左右。

卡尼曼教授认为，人类之所以会做出这种错误的决定，并不是源于愚蠢，而是源于人类的本质属性。也可以说是经历了漫长进化的大脑所难以避免的副作用。

ⓘ 心情不同,对同一件事的理解也会发生 180 度的变化

愤怒、焦虑、不安、喜悦、示弱等情绪会对人在产生这些情绪时的选择产生强烈影响。

悲观的时候人会变得过于现实,焦虑的时候又会变得容易相信用直觉做出的选择。生气或高兴的时候,判断标准会变得严格或宽松。

此外,情绪不仅会左右我们的选择,还会影响我们对事物的认知方式,比如把错误信息当成正确信息。

这些由情绪因素导致的决策和认知扭曲,就是情绪偏见。

例如,在你的办公室里,有一位一有机会就会和你说笑的前辈。当你心情好的时候,你可以善意地理解为"他是想让气氛热闹起来",然后微笑着告诉对方"你又来了""刚才很好笑啊"。

但是,当你因和客户进行严肃对话而产生压力的时候,当你为了赶临近的交货期而焦头烂额的时候,如果前辈突然和你说笑起来,你会是什么反应呢?你肯定会觉得"他真是个不会察言观色的家伙""烦死了",不由自主地焦躁起来。

另外,还有一些这样的例子,即便是平时看到休产假的

同事，能真诚地说出"恭喜！"的人，当其心情不爽时，也会在Twitter上吐槽道"反正她在公司也很闲啊"，结果引起了网友抨击。

这些都是由情绪偏见引起的，心理学上称之为"情绪一致性效应"。根据心情好坏，我们对事物的认知方式也会发生变化。

如果我们对事物的理解发生了变化，自然也会对之后的决策产生影响。

原本能做出合理选择的人，当心情不好的时候，也会以消极态度对待无关紧要的事，做出事后让人后悔的选择。

那么，怎样才能避开情绪偏见的误区呢？

实际上，宾夕法尼亚大学和杜克大学的联合团队在期刊上发表过"有关避免偏见的指南"。

该指南提到，避免情绪偏见的方法有两种。

一种是意识到自己的认知和判断有时会被情绪所左右。我想，读到这里的你，应该已经明白了这一点。

正如第二章"为做出'不会后悔的选择'做准备"中所介绍的那样，请牢记人类是无法抗拒冲动的脆弱生物。

在理解了情绪化会让人丧失判断能力这一点后，实施"拥有客观视角"或者"试想未来的自己"等对策很重要。

另一种是，不要在压力大的时候做重要的选择。愤怒、焦虑等负面情绪自不必说，饥饿、疲劳等压力也是歪曲合理选择的原因。

当你回想自己过去做的后悔选择时，应该会发现自己在做决定时其实是受到了某种压力吧。人在感到压力，精神上被逼到绝境的时候，做出的大多是短视的选择，其结果就是后悔。

感到压力大的时候，要意识到自己正处于不应该做选择的状况，敢于延迟判断。 这也是应对情绪偏见的方法。

⚠ 让情绪成为你的伙伴，巧妙应对偏见

在非常开心、愉快的时候也需要注意。

从情绪剧烈波动的角度来看，快乐和喜悦其实也是压力的一种。

过于乐观，过于冲动，被周围的气势压倒，这些都会让我们变得无法做出合理判断。

冲动购物之类的行为就是典型的例子，在打折促销的时候，我们会感到"便宜""像过节一样""是季节限定款，太幸运了"等暂时性的兴奋感，判断力也会随之下降。结果买了不怎么需要的东西。

不止如此，**我们在日常生活中，包括快乐和喜悦在内的压**

力也不会为零。

因此,**我希望大家能够掌握让压力成为自身伙伴的思考方式和感受方式。**

斯坦福大学的心理学家凯利·麦格尼格尔指出:"压力会使人变得聪明、坚强,从而走向成功。"同时,研究表明,压力有时会使人振奋,集中注意力,提高选择能力。

例如,当处于"我太紧张了,该怎么办"的状态时,试着这么想一下吧:"借助压力的力量,我将做出更好的选择。"**把压力当作解决眼前难题的开关,然后积极地看待它。**

通过写出压力来释放情绪

但是,想要掌握这种处理压力的方法不仅需要训练,也需要时间。因此,我想介绍一个能让人迅速摆脱压力的技巧。

如果遇到让你感到压力的事情,那么请如实写下自己的心情。

这在心理学上被称为"情绪释放"。

"家里打来电话。当被妈妈委婉地询问到'有对象了吗?''怎么考虑结婚的呢?'时,自己突然变得很焦急。"

"客户不讲道理,结果确定节假日还得上班。真是糟糕透了。"

"骂孩子的时候,不由得变得情绪化,说了不该说的话。自我厌恶中。"

像这样,随便什么小事都可以,将自己内心的压力和情绪毫无隐瞒地写出来吧。可以手写,也可以使用智能手机的笔记功能,还可以发到社交软件上。

情绪释放法是种简单易行的压力应对方式,科学上也认可了它的效用。

另外,通过记录自己在日常工作和生活中的压力,还会产生诸如"什么事情会让自己产生压力""当时自己是如何释放压力的"等了解自己的压力感知方式的效果,所以一定要实践一下。

你的选择力怎么样?检查一下压力度吧

压力是让选择产生困惑的原因之一。以下项目都是因压力而产生的身体不适。让我们察觉压力并采取对策吧。

①经常感冒	YES	NO	⑧胃疼	YES	NO
②晚上有时失眠	YES	NO	⑨想吐	YES	NO
③肩膀酸疼	YES	NO	⑩不想接电话	YES	NO
④手抖	YES	NO	⑪不想打开邮件	YES	NO
⑤有时会呼吸困难	YES	NO	⑫不想从被窝里出来	YES	NO
⑥偏头疼	YES	NO	⑬总是瞌睡	YES	NO
⑦手心或腋下经常出汗	YES	NO	⑭心情不舒畅	YES	NO

0~1:没有压力　　　　　　6~10:中度压力
2~5:轻度压力　　　　　　11~14:重度压力

误区②

投射偏见

明天的自己，后天的自己，一个月后的自己——人们都希望未来比现在更幸福。

但是，我们已经知道，即使是对未来的展望，也会受到偏见的影响。

第二个误区是投射偏见。

所谓"投射偏见"，是指以此时此刻的感情为基础，预判"未来一定也会这样"并做出选择的现象。

例如，假设你面前的墙上有用投影仪投射出的自己在不久的将来陷入某种状况的样子。

如果投射的是你看到大学的录取结果，知道自己没有被录取，心灰意冷地想"这下人生完了……"的样子的话，会怎样呢？

看到这番景象的你，如果想象一下自己的未来，脑海中应该会浮现出自己因为没考上理想的学校而无法顺利就业，走向最糟糕人生的样子。

如果投射的是你中了1亿日元彩票，高兴地跳起来说"我也是亿万富翁了！"的话，会怎样呢？

看到这一景象的你，如果想象一下自己的未来，脑海中应该会浮现出自己不工作，每天还过着如度假般生活的最美好人生的样子。

墙上的投影是一个极端的例子。

但是,就算出现的不是这种情况,在不同的日常情绪下,投射偏见还会在其他场景中发生,例如认为"因为今天过得很平静,一年之后也会一样平静吧""现在受女性欢迎,今后应该也会一直受欢迎"等。

关键在于,**以眼前情绪为基础,在其延长线上想象未来。**

如果冷静考虑,那么谁都能明白,即便高考名落孙山,心情跌入谷底,人生也不会就此结束,即便中了彩票无比开心,之后的人生也未必一帆风顺。

我们也可以通过遭遇意外事故或灾难的人为例,明白未来并不在眼前情绪的延长线上。人生有时会因为突如其来的变故而发生巨大的变化。但是,受投射偏见的影响,我们会基于现在的情绪来描绘未来。

其结果就是,在过度悲观和乐观的状态下做出决策,做出将来会后悔的选择。

投射偏见会误导对未来的选择

在投资界中就真实地存在这一倾向。

例如,通过虚拟货币暴涨大赚一笔的人,他们会基于当时的情绪，乐观地预测"以后肯定还会上涨"，然后选择追加投资。为了做出不会后悔的选择，无论是追加投资还是停止投资，都应该给自己留出充分的思考时间，冷静地审视当前的状况。

但是，一旦投射偏见发挥作用，人就会认为对自己有利的状况今后还会持续下去，于是毫不犹豫地进行投资。

人类的情绪，无论好坏，都不会长久。尽管如此，陷入投射偏见的人还是**会认为此时的情绪会一直持续下去。并且还会毫无根据地相信产生这种情绪的状况（虚拟货币持续上涨）也会持续下去。**

怎样才能防止这种情况发生呢？

科罗拉多大学的研究团队发现，当我们陷入投射偏见时，**"可以尽量让选择时的状况贴近由选择带来的未来状况"**。

例如，你去超市买晚饭用的食材。

如果在空腹时带着"肚子饿了"的情绪购物的话，由于投射偏见的作用，就不能很好地想到吃饭后的状况，结果会因"那个也想吃""这个好像也很好吃"而买多。

相反，如果吃饱时带着"我已经吃饱了"的情绪走在店里的话，就会觉得"晚饭吃得清淡点就好"，采购的量反倒会不够。

要说**为什么会发生这样的失败，那是因为现在的情绪和未**

来的状况相去甚远。

实际上，本来与购物时的情绪无关，只要有做晚饭所需的食材即可。如果能事先决定好晚饭的菜谱，把该买的食材写在笔记本上，然后去超市的话，就不会被投射偏见所误导，因为这样最接近做晚饭时的状况。

另外，为了防止聚会时点单过多，浪费钱，可以尝试一道菜一道菜地边点边吃。如果是饿着肚子进入饭店的话，一看到菜单就会"这个也要那个也要"，出现和在超市购物一样的现象。

通过想象"自己在饥饿感的影响下，将无法很好地想象点菜后、吃完后的状况"，就可以不受情绪影响地点单了。

如果肚子稍微饱了一点，就会理解其实想点很多只是暂时的冲动。

以投资来说，无论价格上涨还是下跌，重要的是要通过事先确定利润、止损的标准金额等，设定客观标准，剔除选择时的情绪影响。

通过读书模拟体验场景的变化

有句格言叫"胜不骄"。

意思是说，越是状态好的时候，越应该回归初心，打起精神迎接下一个胜负。实际上,这是摆脱投射偏见的有效方法,很多成功的经营者也都在实践这一点。我熟知的一家上市公司的创始人也曾向我吐露过他成功的理由。

他说:"虽然我的公司现在很赚钱,但在创业初期,我也经历过好几次痛苦的时期,也有过濒临倒闭的时候。正因如此,我才不认为自己会一如既往地顺利发展,而是要回到初心去面对事业。"

他们通过与"初心"这一自己过去的状况进行对照,即便业绩良好也能不以物喜,于是得以消除了投射偏见的影响。

但是,对于没有如此戏剧性经验的人来说,预测情绪的上下波动并采取应对措施是很难的事情。

设立基准预防投射偏见

饥饿这一情绪来袭

如果过于饥饿,那么投射偏见将会发生作用,一不小心就会多点。

设定基准

如果事前在自己心中定好规则"在牛肉盖饭店里只点中份",就能防止吃撑。

没有经验的人在陷入最糟糕的状况时，会不知道该如何选择才能迈出下一步。

例如，一直没有桃花运的男性，突然有一天迎来了人生中第一个受异性欢迎的时期。但是，他应该想不到一旦过了这段顺利的恋爱期，会出现什么样的状况。

这就像老老实实在公司上班的人，突然面临公司倒闭，不知道下一步该怎么做一样。

如果走入投射偏见的误区，并且想象这种状态会一直持续下去，那么受挫到最后甚至可能会想到自杀。

当我们陷入意想不到的困境时，由于我们不知道未来如何解决，因此科罗拉多大学研究团队所说的"可以尽量让选择时的状况贴近由选择带来的未来状况"这样的建议也将失去用武之地。

这时能派上用场的就是读书。

通过观阅纪录片、报道、小说等，可以模拟体验人在遭遇最糟糕状况时的心情以及将会被逼到何种困境。如果不擅长读书的话，也可以看电影、看电视剧。通过真实地感受自己选择后的状况，就可以摆脱投射偏见。

某心理学家曾这样说过。

"虚构是对现实社会的模拟。正如飞机飞行员通过虚拟场景磨炼本领一样，读者能通过小说来训练社交技能。虚构是心灵的飞行模拟器。"

  经历过破产的企业家的书

  多次跳槽成功的人的博客

  描写恋爱微妙之处的电影——

以"如果是自己怎么办?"的视角来接触这些故事的话,应该就能获得规避投射偏见的提示。

误区③

沉没成本偏见

人这种生物总是妄图挽回成本。如果连本都赔进去,就会失去冷静,无法止损,变得更加后悔。为了让大家不至于陷入这种负面循环,我将介绍一种合理选择的诀窍。

第三个误区是沉没成本（sunk cost）偏见。

沉没成本也被称为沉没费用，是一个会计用语，指已经支付了的，再也无法收回的费用、劳动、时间。

这种因拘泥于沉没成本，而无法做出合理、有逻辑的判断的状态，就是沉没成本偏见。

举个例子，假设你去电影院看电影，但在开头15分钟你就发现自己对这部电影完全不感兴趣，认为其是一部无法享受的作品。这时，你会怎么做？

如果是一部长篇电影的话，那么从发现无聊的时刻开始算起，就将浪费近两个小时的时间。如果看电影花费的费用是1800日元左右的话，那么选择立刻离开电影院，把时间花在自己的兴趣爱好、学习和购物上，则会更有意义。

但是，很少有人会立刻起身，大部分人会觉得"因为已经付了钱，不看太可惜了""说不定过会儿会变得有趣"，而继续看下去。

这种心理，正是沉没成本偏见的典型作用。

此外还有这样的例子，我们走到郊外，偶遇了整天都没什么车辆经过的一条支线道路。像这种白白浪费的公共工程的背后，很多都有沉没成本偏见的影响。

例如，假设有一条花费100亿日元总工程费就能完成的支线道路。当计划进行到80%的时候，正逢政府选举，此时出现了主张"考虑到经济形势和人口情况，即使开通了支线道路也不可能盈利，也没有什么经济效果，应该停止工程"的候选人。

但是，选举的结果是，承诺"（再花20亿日元）完成支线道路"的现任首脑再次当选。选民的想法是："既然已经花了80亿日元建了80%，现在叫停太可惜了。"

这不是合理的选择。

从会计角度考虑，因为80亿日元是已经发生的费用，所以是继续建设还是中止，都收不回来沉没费用。即便再追加一笔资金，就算把道路修好了，因为没有盈利的可能性，所以只是一个增加赤字的选择。

只要冷静计算一下就会明白，人们是在沉没成本偏见的影响下，才做出了"因为都花了80亿日元完成了80%的建设，不继续做太可惜了"的扭曲选择。

再举个例子,那些热衷于男公关或女公关的人,其心理也与沉没成本偏见有着很深的关系。

女性会被男公关吸引,男性会被女公关吸引,在不断付出的过程中,就会产生"都花了这么多钱,所以想要得到一些回报"的心理。另一方面,工作能力强的男公关、女公关即使不知道沉没成本偏见这个术语,他们也能通过经验学到这种心理作用。

他们不断渲染"你是特别的存在"这种感觉,让你在纪念日开高价酒,接受你的礼物,然后作为回报,让你感觉到"与其他客人相比和你更亲密"。让你期待再努力一点就能得到更多回报。

客观来看,即便当时知道"最好立刻断绝那种关系""之前花的钱就当是交了学费,得放弃",但作为当事人的客人,还是会进一步投入金钱和时间,同时寻求更大的回报。

过去付出的成本,会对现在的选择产生影响是件奇怪的事情。即便知道这个道理,可一旦成为当事人,还是会强烈地受到过去的影响。

⚠ 通过冥想来规避沉没成本的误区

在法国、新加坡、阿布扎比都设有校区的欧洲工商管理学院正在研究如何避免这种沉没成本偏见。

结果发现,"沉没成本偏见"的根源在于对过去的执着,要想放下这些,就应该着眼于现在的自己,而不是过去。

也就是说,如果只关注至今为止所花费的成本,就会陷入"现在放弃太可惜了"的思考中,所以要关注此刻的自己,忘记过去,做出合理的选择。

该商学院的佐伊·基尼亚斯副教授认为,**"正念冥想"是有效的方法。**

正念冥想与第三章中介绍的数息观类似,是一边数呼吸,一边把注意力集中在"此刻、这里",做15分钟的冥想。

实际上,在欧洲工商管理学院的研究中,研究人员将实验对象分为"进行正念冥想组"和"不进行正念冥想组"后,让他们做了"是否投资该客户?""这个假日是否应该参加音乐节?"等大大小小的选择。

做了15分钟正念冥想的小组,无论针对哪个问题,都能做

出"长期有益的选择"="不会后悔的选择"。

这是因为通过正念冥想，人提高了对此刻信息的注意力，所以规避了"不做可惜""花了那么多（金钱、时间、劳动），不好放弃"的情绪。

也就是说，通过正念冥想，我们可以摆脱沉没成本偏见。

顺便一提，**世界顶尖企业和大学等都已将正念冥想导入员工培训计划和课程中。**

因为通过冥想，我们可以意识到自己的状态，冷静地选择下一步行动。

进行正念冥想，明确自己的想法，有助于做出更有效的决策。

下图是正念冥想的实践方法。也许有人会觉得"冥想"很难，但它实践起来和数息观一样简单，请一定要尝试一下。

超级决断力
不会做决定，你就一辈子被决定

通过正念冥想打破沉没成本偏见

1 将意识集中在呼吸上

所谓正念，就是"放松，专注于当下的心态"。
坐在椅子上或盘腿而坐，将意识集中在呼吸上。

※可以坐在椅子上，也可以盘腿坐。

2 杂念浮现出来

即使把意识集中在呼吸上，但随着时间的流逝，杂念也会突然冒出来。

那次失败……

股价暴跌

3 直面杂念

放松状态下产生的杂念，不会被恐惧、不安、后悔等情绪所左右，能够冷静地面对。

反正就算烦恼也无济于事……

4 再次将意识集中到呼吸上

如果被杂念牵着走，就让意识回到呼吸上，再次进入冥想状态。
养成从 ❶ 到 ❹ 的习惯，就不容易产生沉没成本偏见了。

感觉神清气爽了

第四章
削弱选择力的5个误区

正常性偏见

你是否认为不论明天还是后天自己都不会面临麻烦？认为这是再自然不过的人，就需要注意了。因为该想法已受到偏见的影响。

第四个误区是正常性偏见。

所谓正常性偏见，就是无视对自己不利的信息。

即便客观来看可能会失败，也会认为"只有我没问题""这次没问题""那么糟糕的事情不可能发生在自己身上"，最终选择了将来会让自己后悔的选项。

例如，发生自然灾害时，尽管地方政府发出了避险倡议，但还是有人来不及逃生。

灾害心理学专家指出，正常性偏见在这些人的心里起了作用，他们认为"这种程度的暴雨之前也有过，所以没关系""待在家里肯定更安全"等。

偏见是为了快速做出判断而发展出来的大脑结构，但其也有维持内心平稳的作用。这种**为了保持心理平衡的偏见，在紧急情况下会起到消极作用。**

另外，像"是我是我诈骗"这种特殊诈骗方式的受害者，也被正常性偏见影响着。

第四章
削弱选择力的5个误区

尽管有关特殊诈骗方式的报道越来越多,警方也发出了警告,但受害者还是层出不穷。虽然也有犯罪团伙的手法越来越巧妙的原因,但据说很多受害者就算听说过之前有人被骗,可当时还是会说"我肯定不会被骗""我一听就知道是孩子的声音"。这就是在正常性偏见的作用下被欺骗了。

诈骗犯将话术编成手册,一旦受害者觉得"有点奇怪"时,便会打消他们的疑虑。

例如,当受害者说"怎么声音和平时不一样"时,诈骗犯就会回答说"可能是信号不好吧,妈妈的声音也很奇怪啊"。这样一来,受害者就会心想"原来如此",然后表示认可,同时开始倾听对方的话语。

最后,当意识到自己已成为受害者时,才会说出"没想到我竟然也会被骗"。在正常性偏见作用下产生的**"我肯定没问题"这一毫无根据的臆想,会让选择出现失误。**

ⓘ 人们会对自己的能力做出高于实际水平的评价

那么,怎样才能规避这种正常性偏见,做出不后悔的选择呢?

也许有人会认为"只要掌握更准确的判断力即可"。

但是，正确答案恰恰相反。

首先要承认自己缺乏判断力和选择能力，才能规避正常性偏见。

因为很多人相信"自己有判断力"，而且，我们容易高估自己的能力。

例如，有份调查经常开车的人"你是否觉得自己的驾驶技术比平均水平高？"的问卷。

结果，在这个问卷调查中，竟然有70%的人回答"我的驾驶技术属于平均水平以上"。从大幅高于一半的70%当中，我们能看出很多人误认为"自己的驾驶技术要好于平均值"。

针对这种心理，康奈尔大学的心理学家大卫·邓宁博士和贾斯廷·克鲁格博士**通过几个实验，证明了人类会高估自己的能力**。我们从两位博士的研究中挑选两个具有代表性的实验介绍给大家。

一个是关于"幽默感"的实验。

让实验对象读30个笑话，并让其分别评价每个笑话的有趣程度。通过这个测试就能了解你对幽默的理解程度。然后，邓宁博士和克鲁格博士按照测试成绩的顺序，将实验对象平均分成了四组，分别是"最优秀组""略高于平均值组""略低于平均值组"和"垫底组"。

与此同时，要求实验对象对自己的幽默感进行自我评价，问他们："你认为自己的幽默感在同龄人中处于什么水平？"

自我评价要求以百分比的形式回答，如果是20%，则表示你认为自己的幽默感相当低；如果是50%，则表示你认为自己的幽默感属于平均水平；如果是80%，则表示你认为自己的幽默感相当高。

结果，垫底组在自我评价时，认为自己的幽默感为58%。"垫底组"的人深信"自己的幽默感在一般人之上"。

顺便提一句，"垫底组"的幽默感测试的平均得分其实是位于倒数12%的位置。也就是说，客观地看，他们的幽默感其实非常低。

对比来看，"最优秀组"并没有出现这种高估评价，反而有低估自己实际所具有的幽默天赋的倾向。

两位博士还对"逻辑推理能力"进行了实验。在这个实验中，"垫底组"的平均得分也位于倒数12%的位置。

但是，他们的平均自我评价高达68%，远远高于平均值50%。调查发现，"垫底组"的人认为"自己的逻辑推理能力远在平均水平之上"。

邓宁博士和克鲁格博士的研究结论是，**由于"能力低的人不能正确评价自己的水平""能力低的人也不能正确评价别人的技能"，所以"能力低的人会高估自己"。**

这一研究结果在心理学领域广为人知，并以两位博士的名字命名为"邓宁—克鲁格效应"。

让你摆脱"我肯定没问题"错觉的小技巧

虽然能力有高低之分，但几乎所有人都或多或少地受到了"邓宁—克鲁格效应"的影响。而且，因为人们会相信自己的选择能力，所以也会受到"我肯定没问题"的正常性偏见的影响。

正因为如此，承认自己没有意志力，没有选择能力很重要。

但是，如果不知道具体的做法，就很难意识到这一点。下面向大家介绍一个摆脱正常性偏见误区的技巧。

这个技巧被称为"WRAP"，是由斯坦福大学商学院教授奇普·希思和杜克大学社会企业发展中心资深研究员丹·希思兄弟发明的。

第四章
削弱选择力的5个误区

"WRAP"分为以下四个步骤。

（W）扩大选择范围（Widen Your Options）
（R）确认假设的现实性（Reality Test Your Assumptions）
（A）给决定留点时间（Attain Distance Before Deciding）
（P）防范错误（Prepare To Be Wrong）

例如，假设你所在居住地的政府发出了避险倡议，你需要在"避险"和"不避险"之间做出选择。

1 扩大选择范围

希思兄弟指出，二选一的提问方式本来就是错误的。

"避险"还是"不避险"，"买"还是"不买"，面对经营状况恶化的公司是"辞职"还是"不辞职"等，**二选一会自动缩小视野，让正常性偏见和确认偏见更容易发挥作用。**

因此，为了摆脱这些偏见，**我们需要扩大选择范围**，如"不避险的话会有什么风险？""避险的话，应该去哪里？""避险的方法有几种？""在避险前应该设想什么？"等。

② 确认假设的现实性

"如果避险的话，会有什么样的环境在等着我们？""遇到同样规模的灾害时，没有避险的人们怎么样了？"等，通过检查过去的事例来确认。但是，越是认为自己没问题的人，就越有可能受到正常性偏见的影响，可能会只看到过去没避险且没问题的例子。

所以，从多方面进行检查很重要。如果是买东西的话，要着眼于5星评价和1星评价的对比。

③ 给决定留点时间

在要决定选择哪一个的时候，可以留出一些时间来暂缓决定，比如留出10分钟冥想的时间。也可以想象一些客观的情况，比如"当自己住在避险倡议以外的地区，但朋友来找你商量时，你会怎么做？"等。

④ 防范错误

即使你经过深思熟虑，也有可能对选择的结果感到后悔。**事先设想"最坏的结果"和"最好的结果"，然后对选择的结果进行模拟："选择后出现何种结果自己将会满足呢？"**这样就能获得基于合理视角的选择标准，比如"虽

第四章
削弱选择力的5个误区

认为我肯定没问题的正常性偏见

[**正常性偏见**]

当灾难等危险降临到自己身上时，会产生"只有自己会没问题"的偏见。

要想逃离这里……

① 扩大选择范围

重要的不是从"逃跑"和"不逃跑"中二选一，而是要扩大选择范围比如"逃跑前应该做的事"和"判断时机"等。

② 强化假设的现实性

通过做"如果不逃跑会怎么样？""现在逃跑会怎么样？"等假设，想象采取行动后的情景。

③ 给决定留点时间

通过冥想等方式，暂时脱离选择，让大脑冷静下来。

④ 防范错误

模拟"最坏的结果"和"最好的结果"。
通过第3步留出时间，就能更冷静地进行选择。

然避险很麻烦,但与其面临最坏的结果,不如前往避险地""先做好准备,做到一旦避险倡议变成避难命令,就能马上离开""事先确认家人的位置,再定好集合地点即可"等。

"WRAP"四步骤的好处在于,可以让我们摆脱"正常性偏见"和"邓宁-克鲁格效应",建立选择标准。

当你面临人生的重大决策时,请回忆起"WRAP",并实践一下吧。

它将把你从偏见的误区中解救出来。

记忆偏见

你是否有过这样的经历：小时候不喜欢吃的食物，长大后再吃又会觉得很美味。

类似这样的记忆偏见会让我们更难以做出合理选择。

第五个误区是记忆偏见。

记忆偏见是导致我们做出错误选择的原因之一。前文介绍的沉没成本偏见是因为被过去花费的金钱、时间、劳力所束缚，而在未来做出错误选择的现象。记忆偏见与此非常相似，只不过是被过去的记忆所束缚。也是**因为被歪曲的过去的回忆所束缚，做出了后悔的选择。**

关于记忆偏见，哈佛大学曾做过一项实验。以乘坐地铁的人为实验对象，进行了"请回想一下自己坐过地铁站时的情景"的提问。于是，被提问的人几乎都回忆起了自己最糟糕的乘车经历，并讲述了其中的小细节。

虽然人们有过好几次坐过站的经历，但再被问起时，还是会唤起"最糟糕的记忆"。这个功能原本是在人类进化的过程中，起应对灾害和事故等危险的作用。为了对特别的风险给予注意，并对其保持敏感，使其长期留存于记忆中，才发展出了记忆偏见。

如果是在狩猎时代，不好好记住被剑齿虎袭击的事情，自己和同伴就会被捕食。这样的记忆会日积月累，**越讨厌的记忆也越容易留在我们的大脑里**。问题是，在自然界中能发挥作用的记忆偏见，在现代人类社会中却没有多大用处。例如，在发生某件消极的事情之前见过一个人，我们就会记住"和这个人见面会发生不愉快的事情"。或者，到了曾经在工作中出现过重大失误的地方，我们会变得不安，心想"这次会不会又要失败？"

糟糕的体验远比好的体验更强力，记忆偏见会将这两个没有因果关系的要素联系在一起，进而影响面向未来的选择。

写记忆日记，远离记忆偏见的误区

为了不被这种记忆偏见所迷惑，哈佛大学的研究团队提出了两种对策。

第一，试着质疑自己是不是只想起了"过去最好的体验"或"过去最坏的体验"。

故意回忆多种体验，努力使记忆平均化。这个方法与应对其他偏见的方法相同，都是建议增加样本，客观地看待问题。

第二，写关于记忆的日记。可以用日记本、日程本，还可以用谷歌日程等在线服务，把每天的记忆逐条记录下来。

不愉快的记忆，开心的记忆，想要记住的小事等。不仅是记录消极和积极的这种极端记忆，还可以**分条列出小发现，这样就会使记忆更平均**。最重要的是，通过翻看日记，可以回想起"还过得去的记忆"。通过具体回忆各种各样的记忆，将能罗列出发生同样问题时的样本，例如最糟糕的情况、还过得去的情况、没太在意的情况。

要能做到这一点就太好了，我们应该就能从由记忆偏见引起的最糟糕的记忆中解脱出来。

以我为例，每天我都会把烦恼的事情记录在谷歌日程中。这样一来，我就能将其同以前的烦恼进行比较，然后觉得"今天的烦恼其实没什么大不了"。

第四章
削弱选择力的5个误区

不被讨厌的记忆束缚的方法

例如，当你遭遇交通事故，产生了负面的记忆偏见时，做以下两件事就能摆脱偏见。

①

浮现出各种回忆

通过唤起愉快的事或高兴的事等积极记忆，减弱负面记忆偏见的影响。

②

记笔记

通过在笔记本上记录，可以唤起详细记忆，进一步减弱负面偏见的影响。

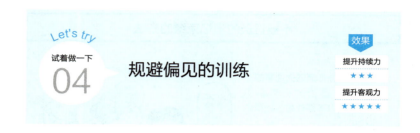

下面是能有效避免选择误区的技巧。

RULE 1 避免乐观偏见（错误计划）的方法

"这种程度的工作大概花这么长的时间就能做完吧……"在制订大致计划并推算所需的时间时，人们容易受前文中所介绍的偏见影响，出现计划错误，把时间估计得过短。

因此，我们需要经常设定"估计两次"的规则，并加以实践。

> Point　要给第一次估计到第二次估计间留出时间。一旦做出第一次估计，要隔开一小时左右再次估计。如此，就能发现由偏见造成的不当之处。

RULE 2 避免确认偏见的方法

正文中曾介绍了一些方法，比如对自己的直觉和多数派的意见持怀疑态度，或者持有多个样本等，除此以外，下列方法也很有效。

Ⓐ **查找先入为主的原因**……找出自己讨厌的人或不擅长事物背后的原因吧。这样一来就会发现，很多时候自己总是因为一些微不足道的小事而变得厌烦。消除"讨厌那个人（物）"的意识，针对原因采取对策，就能克服先入为主的观念。

Ⓑ **体验**……就像从小就不喜欢吃的食物，长大后却觉得很好吃一样，即使不喜欢吃，但只要尝试一下，就会惊奇地发现其实自己很容易就能克服。

> **总结** 这些技巧是为提高客观性，应对所有偏见的方法。请一定要试一试。

至此，我们学习了各种各样的知识，以实现"不会后悔的选择"。

接下来就是实际行动了，可以按照自己的节奏进行。在接下来的训练中，让我们掌握控制不安和压力的能力，以防其削弱我们的选择力吧。

第五章

关于"不会后悔的选择"的训练

序言

做出"不会后悔的选择"的5种训练

想做出"不会后悔的选择",就少不了要训练。不过,这也不是什么难事。重要的不是马上拿出成果,而是坚持下去。不要着急,一点一点地成长吧。

第五章 关于"不会后悔的选择"的训练

我所尊敬的投资之神沃伦·巴菲特有许多名言。其中我最喜欢的一句话是:

"如果没有靠自己的力量思考,投资就不会成功。"

他想传达的意思是,如果心想"因为大家都这么选,所以我也这么选吧"的话,那么就不可能成功。

拿股票投资来说,大家都买的股票价格其实已经很高了。在高价时,如果认为既然大家都在买,所以可以放心地选择"买入"的话,那你在不久的将来就会遭遇损失。

因为在买入的那一刻,这只股票的价格很可能已经超出了它的价值,所以总有一天,股价会稳定在与这家企业实力相符的价格上。

因此,正如巴菲特所说,如果想在投资中取得成功,只能靠自己的头脑思考选择投资哪只股票。

不用说,**人生的成功也是如此。不受周围人的影响,控制情绪,自己做出判断。**只有用自己清醒的头脑思考,才能领先别人一步抓住成功。

在第五章中,我将在前面讲解的基础上,介绍提高"选择能力"的5种训练方法。

关键词有以下5个。

1 情商

2 复盘1天法

3 淘汰制

4 轻断食

5 核心价值笔记

以上都是通过关注你的情绪波动,有效控制焦虑和压力,提高选择能力的方法。

在接下来介绍的训练方法中,包含了颠覆传统心理学和行为经济学定论的方法,但也正因如此,这些方法才具有独创性。重要的是,不要盲目地否定,而是鼓起勇气先尝试。不去尝试,就什么也得不到。

尝试后,如果还是觉得不适合自己的话,就没必要再一直实践接下来介绍的所有训练方法了。

只要坚持5种训练方法中的一两种,就能取得很好的效果。

你也可以通过我一直在使用的下述训练法,进一步磨炼做出"不会后悔的选择"的能力。

第五章
关于"不会后悔的选择"的训练

训练 ①

控制情绪

对于同一件事,每个人表现出来的情绪因人而异。另外,通过训练,我们将能更娴熟地处理情绪。即便处于马上要丧失冷静的情况下,也将能做出合理选择。

近年来，**在提高做出"不会后悔的选择"的能力方面，"情商"备受关注**。把握自己和他人的感情，控制自己感情的能力，也被称为情商（EI）。与多靠遗传的智商（IQ）不同，情商不是与生俱来的才能，我们可以通过后天的训练掌握它。

顺便提一下，情商这一概念是在1990年由彼得·萨洛维博士和约翰·梅耶博士两位心理学家发表的论文中首次提出。

之后，在1996年，心理学家丹尼尔·戈尔曼在其著作《情商》中介绍了"心灵智商"这一概念。在日本，情商通常被称为EQ，而在英语圈，一般通用的是EI。

为什么高情商的人能做出不会后悔的选择呢？

耶鲁大学曾做过一项关于情商的实验。首先，研究人员指示实验对象"在100个人面前进行20分钟的演讲"。但是，实际上并没有让他们进行演讲。研究人员的目的是：让实验对象们怀揣"必须在众人面前演讲"的紧张和不安。

之后，实验对象得被迫做各种选择。例如，就"要打流感疫苗吗？""要为了健康而运动吗？"等虽然做了比较好，但真要做起来又很麻烦的选择进行提问。

正如前文所述，**当我们怀揣紧张和不安情绪时，就无法做出合理的选择。**

当然，在我们面临"要在众人面前演讲"的压力时，无论是预防流感的疫苗，还是为了健康而做的运动，都会被当作麻烦的事情来处理，很容易做出"不打""不做"的选择。

但在耶鲁大学一个研究小组的实验中，高情商组中有66%的人回答"要打流感疫苗"。而低情商组中却只有7%的人选择"要打流感疫苗"。

也就是说，**由于高情商的人能在客观分析他人情绪的基础上，进而分析自己的情绪，因此就算面临压力，也能做出合理的选择。**此外，研究团队还指出，如果能够提高情商，那么即使在惴惴不安的压力状态下，也将有可能持续保持做出"不会后悔的选择"的能力。

! 你能把自己的情绪详细表达到什么程度

那么，怎样才能提高自己的情商呢？

有两种具有科学依据的方法。

一种是冥想。冥想可以帮助我们客观地看待紧张、不安和压力，进而控制自己的情绪。

如第三章中介绍过的冥想法"数息观"，第四章中介绍过的"正念冥想"，从广义上讲，第四章介绍过的"情绪释放"也包含在内。

另一个训练则是**要提高情绪颗粒度。**

这里所说的"**情绪颗粒度**"，是指"**能把自己的情绪详细表现到什么程度**"情商低、容易产生不安和压力的人，其"情绪颗粒度"就比较低，当他们心情糟糕时，有时无法表达出到底如何糟糕。而且由于他们不善于捕捉他人细微的情绪变化，有时会在还没弄清自己和他人情绪的状态下，就鲁莽行事，做出选择。

例如：

情绪颗粒度低的人会用"好舒服!""不舒服!"这种二选一的方式来表达所有情绪。

情绪颗粒度高的人会用"就像秋高气爽的蓝天一样舒服""就像宿醉后的早晨一样难受"等多种方式表达所有情绪。

满足的心情可以用"幸福""愉快"等多种表达方式来

第五章
关于"不会后悔的选择"的训练

从不合理投诉看情绪颗粒度的不同

情绪颗粒度低的人

如果情绪颗粒度低的话,面对投诉,就会烦躁地想"真让人生气",鲁莽地采取短视行动。

→做了"后悔的选择"

情绪颗粒度高的人

如果情绪颗粒度高的话,就会发觉自己正在不讲理的事情上生气。因为能明确地把握自己的情绪,所以就能合适地处理。

→做了"不会后悔的选择"

表达。与之相反的情绪也有"生气""烦人"等多种表达方式。像这样**对自己的感情进行更准确的分类和表达，就能提高"情绪颗粒度"**。

提升了"情绪颗粒度"，将能掌控情绪，进而避免因鲁莽行事而后悔。

实际上，心理学研究表明，**在情绪控制能力方面，"情绪颗粒度"高的人比"情绪颗粒度"低的人高出30%**。就算压力大，"情绪颗粒度"高的人也不会借酒消愁，也不会对伤害自己的人采取攻击性的应对方式。相反，"情绪颗粒度"低的人则容易发火，即使是很小的挫折，都经常会让其心情一落千丈，然后做出后悔的选择。

⚠ 借助外语学习提升情商

想要提高"情绪颗粒度"，提升情商，还可以学习外语。外语中有很多母语所没有的表达情绪的语言，学习这些可以将新的情绪转化为语言，也就能更容易地控制情绪。例如，德语中的schadenfreude是用来表示"幸灾乐祸"的词语。

另外，在匈牙利语中，当"萍水相逢，却笃定对方是个好人！"时，就会用szimpatikus这个词语来表达情绪。

第五章
关于"不会后悔的选择"的训练

学习外语，掌握新的情绪表达语言，情绪颗粒度就会大幅提升。

当我们下意识产生"生气""糟透了"的情绪，马上就要做出武断选择的时候，试着把自己的情绪翻译成外语，如此一来，就能客观对待内心的情绪。

另外，当我们的大脑想要用第二语言来表达时，就会进入认真思考的状态。

提升情商，不仅能在各种选择场景中运用，还能使人际关系更加和谐。

让我们一起在日常生活的方方面面，做提高"情绪颗粒度"的训练，进一步提升我们的情商吧。

训练②

用"复盘1天法"来锁定让人幸福的选择

人类很健忘。在日常生活中,我们会忘记自己曾对什么感兴趣,曾对什么满意。通过记录这些,我们将能做出好的选择。

第五章
关于"不会后悔的选择"的训练

接下来要介绍的训练法是"复盘1天法"。

这是伦敦政治经济学院行为科学教授、经济学家保罗·多兰提出的方法,他做了有关"如何做出幸福的选择"的研究。

简单来说,就是**不断记录一天所做的选择中,让自己真正感到幸福的选择**。多兰教授说:"人类的幸福取决于如何分配自己的注意力。"将注意力集中在何处,会左右我们的选择,也将决定我们能否获得幸福。

注意力是有限资源。"越少的东西越有价值"是经营学的基本理论,如何分配注意力这一稀缺资源很重要。

但是,现如今,生活中有太多信息和刺激夺去了我们的注意力。结果经常造成由于我们未能注意到而错过有价值事物的情况。

反过来说,**通过回顾对自己来说什么是有价值的选择,就能知道为了做出"不会后悔的选择"我们应该注意什么**。

也就是说,"复盘1天法"这一训练将引导你磨炼"选择力",助你走向幸福。

让我们做个假设吧,假设你选择了下班和同事一起去喝酒。**通过"复盘1天法",在一天结束时,将自己选择后发生的事,按照以下项目记录下来。**

1. 开始时间
2. 结束时间
3. 做过的事
4. 和谁一起做的
5. 获得的快乐达到了什么程度(按照1~10分进行评分和短评)
6. 感觉到的价值达到了什么程度(按照1~10分进行评分和短评)

如果是和同事一起去喝酒的话……

1. 20:00
2. 22:30
3. 在居酒屋以抱怨上司为下酒菜
4. 和同事A、B、C一共4人
5. 5分 通过抱怨最近上司不讲理的行为,稍微痛快了一点

6 2分 还不如在家里学习英语对话

像这样,我们可以记录一下自己一天中做了什么样的选择,有过什么样的感受。**重点是要将"快乐"和"价值"分开评价。**快乐是冲动性的观点,价值是建设性的观点。当然,我并不是说重视快乐就不行,只追求价值就好。**最理想的状态是两者能保持平衡。一味追求快乐的选择,终究会变得空虚,一味追求有价值的选择,会让人生变得沉闷。**实际上,通过从两个角度分析并写下来,就能客观地知道自己应做的选择。如此,也就能顺理成章地知道在"快乐"和"价值"上分别应该分配多少注意力了。

"复盘1天法",最重要的是坚持。如果能持续记录两个月,我们将能发觉真正让自己感到幸福的选项以及为实现这一选项所应注意的事项。

ⓘ 确认当天的度过方式,提高选择的精准度

我也曾实践过"复盘1天法"。当时我用的是谷歌日程。我平时就会以2周为单位,尽量将应该做的事情正确地写入谷歌日程,并在完成后记录花费的时间和自己的感受。

我之所以以2周为单位，而不是以1周为单位，是因为这样能够以俯瞰的视角，直观地确认自己正向短期、中期、长期的目标投入何种行动。

我对"复盘1天法"做了适合自己的安排。

在我的谷歌日程中，原本只记录"复盘1天法"中提到的6个项目，但我为了更准确地把握选择后发生的事情的满意度，又增设了一个项目。

那就是"对制订计划时的期待感的评价"。

例如，当你选择"早上去健身房"时，那么就对去健身房前的期待感进行评价，并与去健身房后的快乐程度、获得的价值分数进行比较。

如果觉得"这是每天的惯例，真麻烦……"的话，就将期待感评为"3分"。但如果是活动一下身体，头脑就会变得清醒，心情也会变得舒畅的话，就将快乐评为"7分"。运动之后工作效率得以提升，可以将价值评为"8分"。

那么在这种情况下，"早上去健身房"对我来说就是幸福的选择，也是"不会后悔的选择"。按照这一要领做记录，定期翻看，就能发现选择时应该注意的要点。

例如，当"很厉害的社长来访，并邀请自己一起去吃饭"时，自己的期待感是"8分"。但去了之后才发现社长只会自吹自擂，还被迫表演了本来不想表演的节目，所以将价

第五章
关于"不会后悔的选择"的训练

> ### 知道真正幸福的选择 大吾式 复盘1天法

①事后应该填写的事

将已发生的事按右侧项目进行填写。要养成习惯,这是提高选择能力的关键。

- 开始时间
- 结束时间
- 做过的事
- 和谁一起做的
- 快乐(满分10)
- 价值(满分10)

②事先记录期待感

在①中加入期待感是大吾独有的"复盘1天法"。一定要事先填写。

③与事后做比较

虽然期待感评分高,但实际上因为在酒会上对方自吹自擂所以评分低。

④ 定期重新审视

通过定期重新审视,就能判断出其是否真的是一个幸福的选择。

内容	期待分	快乐分	价值分
和朋友的酒会	9	5	3
朋友的派对	10	3	2
公司的学习会	8	6	6

⑤ 掌握选择能力

选择好坏一目了然。另外,通过回顾过去的选择,下一个选择也将变得明确。

值评为"2分"。结果，可能会出现"暂时不接受该熟人邀请"的决定。

再例如，"工作之余有了些时间，所以顺路逛了逛大型书店"时的期待感为"5分"。最近总是看电子书，所以逛书店会很兴奋，遂将快乐评为了"7分"。同时发现了意想不到的外文书，所以将价值评为了"9分"。结果，可能会出现"大型书店还是很有趣的，应该抽空去"的决定。

说实话，一开始我也不习惯做这件事。但是，**在实践中我逐渐发现，有时回报会超过期待感，有时则相反。**

通过反复记录，我们就可以锻炼自己的注意力，选择对自己来说最幸福的事情。

第五章
关于"不会后悔的选择"的训练

训练③

用"淘汰制"
减轻大脑负荷

当我们必须从多个选项中做出选择时,在脑海中一个一个地罗列选项,仔细检查并做出选择是很费力的。下面介绍一种针对这种情况的有效的头脑训练法。

接下来要介绍的是，当我们面临多个选项时，如何才能做出"不会后悔的选择"的训练。

我们曾在第三章中提到过哥伦比亚大学教授希娜·艾扬格的24种果酱实验，并解释了过多选项会剥夺人对事物的判断力，使人陷入无法选择的状态。

如果只让我们从A、B、C中选择一个的话，我们可以毫不犹豫地做出选择。但是，**当我们眼前出现10种、20种选项时，维持现状法则就会发挥作用。为了减轻大脑的思考负担，我们就会选择与以往相同的选项。**

其背后有两种心理在起作用。

1 选择无力感……如果选项过多，就会因为无法判断而出现无力感。

2 选择后的不满足感……即使我们战胜无力感做出了决断，比起选项少的情况，在选项多的情况下，我们对自己决策的满意度也会下降。

第五章 关于"不会后悔的选择"的训练

请你回想一下自己在选购洗发水等生活用品和每年都会推出几十种新产品的清凉饮料时的经历,你应该就能理解上述倾向。日化店柜台里陈列着好几种洗发水。虽然企业在不断推出新产品,但最先映入眼帘的应该是我们一直使用的那款洗发水。其实并没特意挑选,而是直接选择了家里之前用过的商品。

也许市面上已经出现了比现在自己使用的洗发水功能更好的产品。而且,我们应该也看到了宣传这一点的电视广告。**即便如此,一旦要做出选择,就会出现"买一样的算了"的情况。**

的确,在选择洗发水和清凉饮料时,只要奉行"买一样的算了",就不会出现大问题。但是,在涉及更重要的人生选择时,**如果因为选项太多最终还是选了经常会选的那个选项的话,就很可能会让你做出后悔的选择。**

那么,这种时候应该怎么办呢?

2015年,佐治亚大学曾就"如何在选择太多时做出最佳选择"这一主题进行过一项调查研究。

研究小组分别准备了汽车、房子和智能手机三大类产品,且每类均为16种。然后向实验对象提出了以下三种方式,让其选择。

1. 同时选择制……从16种选项中一口气选出自己喜欢的那一个。
2. 连续删除制……从16种选项中随机选择4种，再从这4种中选择一个喜欢的。然后再从剩下的选项中选择4种，从中选择1种，不断重复这一操作。
3. 淘汰制……将16种选项随机分为4组，用淘汰制两两比较，决定胜负，最后锁定一个。

结果显示，无论是汽车、房子还是智能手机，使用淘汰制做的决策收到了较高的满意度。

通过淘汰制实现"不会后悔的选择"

面临众多选项时，可以用玩游戏的感觉让选项做对决，决定胜负。虽然这一方式有点像小时候玩游戏，但却可以应用在日常生活的各种场景中。

再详细说明一下关于淘汰制的具体实施方法。

1. 先将选项随机分为4组，每组4种。
2. 再从各组内随机选出2种做比较，选出自己认为最好的1种。

第五章
关于"不会后悔的选择"的训练

通过淘汰制做出"不会后悔的选择"

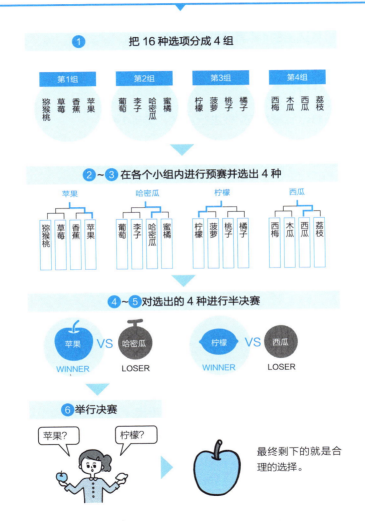

最终剩下的就是合理的选择。

3 然后从剩下的2种中选择1种，再次和步骤②的选择做比较后，选出1种。

4 将选出的4种再随机分为2组。

5 作为半决赛分别将组内2种做比较，选择自己认为是"好的"1种。

6 对留到最后的2种进行决赛，选择1种。

心理学家巴里·施瓦茨博士曾指出"选项越多，人就越不幸"，当面对"普通人怎样才能做出最佳选择？"的问题时，他回答说："第一，请不要去寻求'最佳'选项，而要寻求'已足够'选项。"所谓"已足够"选项，就是自己觉得"这样就能满足"的选项。

由于淘汰制是在减少选项数量后，比较两个选项，所以就能顺利地判断哪个选项是足够满足条件的选项。

我们的大脑在必须做出选择的时候，会处理大量的信息。在完全理解十几种选项的含义后，还得决定哪个是最好的、最佳的，这样的处理方式已经超出了我们的能力范围。

正因为如此，通过淘汰制缩减选项，就能更有效地减轻大脑的负担。

另外，**通过重复进行2个到1个、2个到1个这一简单选择，也可以避免出现"选择的悖论"**。

选择的悖论是指,当选项增多时,人们会陷入"在当初没选的选项上后悔""更加期待出现完美选项"等心理。

试着把淘汰制用在午餐吃什么、如何度过休息日、工作决策等日常的选择上吧。通过这一训练,当我们被迫要做重大决定时,即便多个选项摆在我们面前,我们也将清晰明了地选出不会后悔的选项。

训练 ④

通过特意空腹，提升选择力

不仅是情绪，有时身体状况也能让思考产生偏见。理解人在什么时候最能冷静思考，并不断训练以维持该状态吧。

第五章 关于"不会后悔的选择"的训练

我在第四章的"投射偏见"中介绍过，如果空腹购物的话，就会因"这个也想吃那个也想吃"而买多。像这样，"空腹或饱腹"会对人的选择产生巨大影响。实际上，最近的研究表明，**在做出"不会后悔的选择"方面，适度饥饿能提高判断力。**

以下是荷兰乌得勒支大学的研究团队进行的研究。

他们把实验对象分成了两组。然后，让一组人从夜间23点到早晨一直断食，让另一组人在同样的断食后饱食了一顿早餐，然后让他们挑战"爱荷华博弈"。

所谓"爱荷华博弈"，是指准备四组（A、B、C、D）分别含有中奖卡片和没中奖卡片的卡片堆，让实验对象抽取卡片的实验，中奖卡片以一定比例存放于每组卡片堆中。

一方面，如果从A组和B组中抽到中奖卡片的话，将获得高额报酬，而抽到的卡片没中奖的话，也会被处以高额罚款。

另一方面，虽然从C组和D组抽到中奖卡片时的报酬很少，但抽到没中奖卡片的罚款也很少。最终，从C组和D组中连续抽卡的人会赚到钱，但实验对象却并不知道这个规则。

也就是说，关键在于实验对象能否在中途发现"选择C组和D组更划算"，并将看起来眼前利益较大的A组和B组从选项中排除。

结果显示，空腹状态下的一组实验对象做出了更有利的选择。以往人们认为，人在饥饿且情绪高涨的时候，容易做出不合理的决定。但是，乌得勒支大学的研究团队发现，在适度饥饿且情绪机能提升的状态下，人更能在不确定的情况下顺利做出复杂选择。

那么，怎么才能让自己保持适度饥饿呢？

这里我想给大家推荐一个我也在做的方法，叫作日常轻断食。这也是为了做出"不会后悔的选择"的训练。男性做到每天大约14小时不进食，女性则可稍微舒缓一些，保持每天大约12小时不进食。

通过轻断食提高选择力，让自己保持适度空腹状态

断食时间包括睡眠时间。OECD（经济合作与发展组

织）曾在2014年，针对15~64岁的人群进行了一项调查，该调查显示日本人的平均睡眠时间为7小时43分。如果我们把它看作8个小时，那么男性醒来后的6个小时，女性醒来后的4个小时，即为不进食的断食时间。

如果是一般的商务男性，那么我推荐另一种日程。

1. 起床
2. 7点—8点吃早饭
3. 不吃午饭
4. 14点—15点稍微吃点零食
5. 18点—20点吃晚饭
6. 23点—0点就寝

这里有3个要点。

第1个要点是早饭要清淡。

第2个要点是不吃午饭，男性断食8个小时，女性断食6个小时。

第3个要点是在14点—15点（零食时间）间少吃一点零食。

按照这一周期，我们就能在工作的同时，很容易地做到轻断食了。而且，通过吃清淡的早饭，不吃午饭，我们就能延长空腹的时间，保持高度的判断力。

因为人的大脑在吃饱后会变得迟钝。

你可能也有过这样的经历，如果午餐时间吃了拉面和炒饭或意大利面和面包等以碳水化合物为主的"硬菜"的话，那么一到下午就会出现发呆的情况。

很多人在午餐时间通过吃午饭来补充能量，但也降低了下午时段的判断力。

顺便说一下，我是通过如下方式实践轻断食的。

1 起床

2 不吃早饭，一直到15点为止不吃有热量的东西

3 15点—16点之间吃饭

4 19点—23点之间吃饭

5 就寝

关键是从深夜到15点为止不吃任何有卡路里的食物。可以喝咖啡、茶、水、苏打水或者补品。

保持不吃早饭，也不在午餐时间吃午饭。

之后，15点—16点间我会吃一些清淡的午饭，晚上反倒会不限制卡路里的摄入，也会喝酒。一般我在23点前吃完饭，之后到第二天的15点前什么都不吃。通过这样的方法，

进行14~16小时的断食。

一提到断食，可能有人会想"肚子会饿，很难做到……"然而，少吃一顿却能产生良好的效果。

通过这种方式形成的**适度空腹状态，不仅能提高我们的判断力和选择力，还有防止老化的效果**。减少卡路里的摄取，会刺激生长激素的分泌，除了皮肤看起来年轻之外，肌肉量也会增加。

另外，断食还有提高专注力的效果。

一般如果人们保持一日三餐的习惯的话，血糖上下波动很大。因为身体预测到血糖会上升，会大量释放胰岛素，吃完的瞬间血糖会突然下降。

饭后犯困并不是由于血糖上升，而是由于为了抑制血糖而分泌了大量的胰岛素。这也可以通过减少吃饭次数而得到改善，因血糖上下波动而导致的发呆状态也会消失。

为了提高判断力，考虑一下适合自己的饮食方法吧。自己创造出适度饥饿的状态，就能提高选择能力。

我会在8~10小时内摄取足够的营养，而在剩下的时间里则保持适度空腹状态。由此来实现身心的平衡。

超级决断力
不会做决定,你就一辈子被决定

用大吾式"轻断食"来提升选择力

从18点 到第二天7点

[轻断食]

包括睡眠时间在内进行 14 个小时的断食

从18点左右到第二天7点左右不摄取卡路里。晚餐不限制卡路里的摄入,也可以喝酒。通过不吃午饭提高专注力。

还有这种断食方式

1 天少吃一顿的断食

早、中、晚任选一顿不吃

早、中、晚任选一顿来断食。
早上起得晚的人可以不吃早饭,白天忙的人可以不吃午饭,根据自己的生活方式,选择一个容易操作的时间,效果就会更好。

周末断食

从周六 12 点到第二天 12 点一直忍耐

从周六12点到周日12点,断食24小时。因为周末时间比一般工作时间消耗的卡路里更少,所以也更容易完成这一挑战。

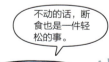

不动的话,断食也是一件轻松的事。

第五章
关于"不会后悔的选择"的训练

训练 ⑤

通过将自己的核心价值观写在笔记本上,明确什么才是重要的事

当我们迷茫于对自己来说什么才是最重要的事的时候,就会很容易做出错误的选择。为了避免这种情况发生,我将介绍一种整理思路,帮助我们寻找对自己重要的事情。

接下来要介绍的"核心价值笔记",做法是以日记的形式**把你每天重视的价值观写在笔记本上**。意识到核心价值观(对自己来说重要的事情),就能从长远的角度来决策,而不是只顾眼前的利益。

首先,写下自己人生中想要重视的一件事。

"我想以平静的心情度过每一天。"

"我想让孩子幸福。"

"我想做充实的工作。"

"我想成为能随时吃自己喜欢吃的东西的有钱人。"

"我想拥有自由旅行的时间"等,我认为可以举出许多诸如此类的例子。

顺便一提,我最重视的是"知识的最大化",即尽可能多地获取知识。并希望通过将学到的知识传授给别人来做贡献。

对你来说,重视的事是什么呢?

第五章
关于"不会后悔的选择"的训练

在笔记本的最上方写下核心价值观后,在下面写下**当天发生的让自己感觉"充实""开心""快乐"的三件事**。最后写下**"当天,为了人生中重要的事情而采取的选择和行动"**。有一天,我的记录是如下这样的。

▶三件事

"为了NICONICO直播收集资料,但发现了意外的研究数据。"

"传说预约不到的那家店联系我说,有他人的预约取消了。"

"被喵爷(我家的猫)治愈了。"

▶那一天,为了人生中重要的事情而采取的选择和行动

"深入阅读了研究数据和论文,拓宽了知识面。"

通过写出"三件事",检查自己的核心价值观与自己的直觉是否匹配。如果不匹配,就重新设定核心价值观吧。

然后通过写下"为了实现核心价值观而采取的选择和行动",来确认自己是否采取了实现核心价值观的合理行动。

像这样,通过将核心价值观写在笔记本上,就能意识到对自己来说最重要的事情,确立选择时的标准。

例如,假设你是一名自由职业者,你的核心价值观是对

孩子的陪伴。如果你将核心价值观写在笔记本上的话，那么对于要接受还是不接受新的工作订单这一问题，即可通过思考"虽然对方给出的报酬不错，但是需要牺牲陪伴孩子的时间""对照核心价值观，不应该接受"等形式来做出决断。

抑或是，假设你是一名公司职员，如果你的核心价值观是"跳槽到外资企业"的话，那么对于同事下班后的酒会邀请，你就能以"想把时间用到语言学习上"为由拒绝，或者以"今天的聚会好像有从国外来的研修生"为由而参加，能毫不犹豫地做出选择。

也就是说，**时刻意识到什么是自己人生的核心价值观，就不会被情绪化的判断所左右，就能做出"不会后悔的选择"。**

⚠ 缺乏金钱和时间会让自己失去真正重要的东西

核心价值观的重要性也体现在了对贫困问题的研究上。

2004年，哈佛大学教授塞德希尔·穆来纳森在一项研究中，曾以500户贫困农户为对象进行过一项IQ调查。

调查目的是考察贫困对"选择能力"的影响情况。

调查对象是以甘蔗为主要农作物的，处于一旦遇到延迟支付货款，生活就会立刻陷入困顿，进而缺乏生活必需品这一经济状态的农户。穆来纳森教授对这500户农户分时期实施了IQ测试。

结果,通过对比收获甘蔗前的没钱状态和收获甘蔗后金钱上多少有些富余的状态,他发现,即便是同一个人,其IQ的分数也出现了很大的差异。在担心收入的情况下,人的IQ会降低9~10分。

对收入的担心会显著降低大脑的处理能力。穷困潦倒的时候,大脑只能发挥熬夜后状态的80%左右。所以,可以说担心收入的人,是时刻以熬夜后的状态在处理工作。

结果,**越是担心收入的人,越无法做出摆脱贫困的判断。**当然,其内心就更没有空暇去思考自己的核心价值观。这样一来,一个关于选择的让人不幸的恶性循环就此出现。

尽管贫穷,却把钱花在赌博等无谓的事情上,导致债务增加。判断能力进一步下降,却想用赌博解决问题。谁都知道这样的重复会让生活更加痛苦,但只有他本人因为大脑功能下降而不断做出错误的选择。

一旦处于贫困状态,人就容易判断失误,周围人对其的评价也会下降。于是人会陷入"是不是因为自己懒,所以没钱?"的自我责任论。

但是,**其实问题并不存在于处于贫困状态的人身上,只是**

有时贫困本身会降低人的判断能力和选择能力。

缺乏感带来的负面影响不仅限于金钱。因觉得自己的年龄差不多该结婚而着急的人,却选择了怎么看都不适合结婚的异性。**这有可能是因为时间不够富余而造成的思想压力。**

在这种情况下,大脑内会发生什么样的事情,关于此这里也有一份调查数据。

调查中使用的是一种名为TMS(Transcranial magnetic stimulation)的医疗器械,这种医疗器械将极强的磁力施予大脑,使大脑出现部分麻痹的状态。

例如,如果用TMS将前额叶的前额皮质的功能停止的话,实验对象就会优先考虑眼前的小利益。当被问及"现在拿10英镑和一周后拿20英镑,哪个好?"时,实验对象会选择现在的10英镑这一明显不利的选项。有研究表明,当我们感到强烈的缺乏感时,大脑的状态就和把TMS放在额叶上时一样。

也就是说,因金钱、时间等不足而焦虑时,人就会做出后悔的选择。如果能意识到自己的核心价值观,并养成从长远角度进行选择的习惯,就能避免在缺乏感的作用下做出错误的选择。

第五章
关于"不会后悔的选择"的训练

让人明白选择标准的核心价值观

①写下一件"自己人生中重要的事情"

通过写下最重要的事情，可以确认你的核心价值观和价值标准。

②写下三件积极的事

家人
- 上班前去健身房，出了一身汗
- 午休时发现了便宜又好吃的店
- 工作已按计划进行

一旦写下积极的事，就能知道自己的核心价值观和自己的直觉是否匹配。

③写下"为人生中重要的事情而采取的选择和行动"

为了见到家人，我尽可能早地回家了

正因为重要，才要采取行动。检查一下自己是否为了实现核心价值观，采取了合理的行动。

④明白自己的选择标准

- 最珍视的 → 家人
- 去健身房 → 维持健康
- 选择便宜的店铺 → 能存钱
- 提前回家 → 为了陪伴家人

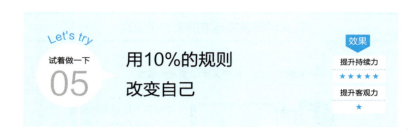

很多人虽然想"改变自己,改变生活",但却半途而废,原因就在于太想一口气就做出巨大的改变。

因此,我想向大家提出一种"10%规则"的方案。

让自己生活的10%左右发生变化。从在本书中学到的有关选择的知识中,选择10%导入生活中,就能改变你的选择标准。大致就是这种感觉。

RULE 1 改变饮食的10%规则

如果一日三餐都不吃碳水化合物的话,比较难坚持。其实不必如此,我们可以晚上不吃米饭、中午不吃快餐等,先只变更一个菜单。

RULE 2 制订明确的计划,制定以执行为目标的10%规则

不是突然制订一天的计划去执行,而只是对早上出门前的一个小时,或30分钟,制订运动、读书、饮食等的明确计划并付诸行动。即使这些事在预定时间以外也能做,也要限

定自己必须在最初决定的时间内去做。

在实践"10%规则"时,需要注意的是,在开始后的前一个月内,不要给自己附加超出定好的10%的负荷。

然后,当自己设定的10%的限制和负荷对自己来说变成一种再自然不过的事后,再逐渐提高百分比。

总结 比起一口气提高质量或增加数量,更重要的是"坚持"。这就是培养新习惯的秘诀。

尾声

未来就蕴藏在每天的无数选择之中

当我作为读心师频繁在电视上表演的时候，经常有人会说："因为大吾能读懂人心，所以大吾做事应该不辛苦吧。"这时，我总是这样回答：

"如果我能完全读懂人心，那我就不工作了。"

例如，如果我能一年去一次赌场，并读懂庄家的心思，反复做出正确的选择，使本钱增加几十倍、数百倍而归，那么我就可以从养家糊口的工作中解放出来了。

但是，即使是能力再强的读心师，也不可能完美地解读人心，也不可能反复做出正确的选择。

尽管如此，**基于科学依据的训练还是可以提高获胜概率。**就像偶尔会在电视上表演的"抽牌比赛"一样，我比一般人有更高的概率读懂对方的心思，识破对方的选择，在游戏中获胜。同样，如果能不断对本书中介绍的有科学根据的训练进行实践、接受结果并修正，任何人都将能选出对于自己更好的选项。

超级决断力
不会做决定，你就一辈子被决定

  要意识到，你的未来就蕴藏在每天的无数选择中。

  我曾借电视节目的采访机会拜访过牛津大学，当时我对牛津大学的生活抱有强烈的憧憬。"希望自己有一天能在这样的书海中生活。"

  但是，如果抱着"总有一天"的想法的话，最终也只会止步于"那就好了"的想法。我可不想晚年才移居，我想马上就能实现。因此，对于憧憬着的生活，我的内心就开始浮现出实现它的计划。

  心中默念"梦想即在选择后"，然后反向推理。只要心中常怀长期愿景，我们应该就能让今天的每一个选择成为创造未来的过程。

  让我们更好地做出选择，更好地迎接无悔的人生。希望本书能对你的人生有所帮助。

读心师 大吾

参 考 文 献

Marcus G. Kluge: The haphazard evolution of the human mind[M]. Houghton Mifflin Harcourt, 2009.

Schwartz B, Sharpe K. Practical wisdom: The right way to do the right thing [M]. Penguin, 2010.

Chernyak N, Leech K A, Rowe M L. Training preschoolers' prospective abilities through conversation about the extended self [J]. Developmental Psychology, 2017, 53(4): 652.

Van Boven L, Loewenstein G. Social projection of transient drive states[J]. Personality and social psychology bulletin, 2003, 29(9): 1159–1168.

Hafenbrack A C, Kinias Z, Barsade S G. Debiasing the mind through meditation: Mindfulness and the sunk-cost bias[J]. Psychological science, 2014, 25(2): 369–376.

Falk E B, O'Donnell M B, Cascio C N, et al. Self-affirmation alters the brain's response to health messages and subsequent behavior change[J]. Proceedings of the National Academy of Sciences, 2015, 112(7): 1977–1982.

Yaniv I, Choshen-Hillel S. When guessing what another person would say is better than giving your own opinion: Using perspective-taking to improve advice-taking[J]. Journal of Experimental Social Psychology, 2012, 48(5): 1022–1028.

De Ridder D, Kroese F, Adriaanse M, et al. Always gamble on an empty stomach: Hunger is associated with advantageous decision making[J]. PloS one, 2014, 9(10): e111081.

Morewedge C K, Gilbert D T, Wilson T D. The least likely of times: How remembering the past biases forecasts of the future[J]. Psychological Science, 2005, 16(8): 626–630.

Wood N L, Highhouse S. Do self-reported decision styles relate with others' impressions of decision quality?[J]. Personality and Individual Differences, 2014, 70: 224–228.

Hughes J, Scholer A A. When wanting the best goes right or wrong: Distinguishing between adaptive and maladaptive maximization[J]. Personality and Social Psychology Bulletin, 2017, 43(4): 570–583.

Nenkov G Y, Morrin M, Schwartz B, et al. A short form of the Maximization Scale: Factor structure, reliability and validity studies[J]. Judgment and Decision making, 2008, 3(5): 371–388.